高等教育美术专业与艺术设计专业"十三五"规划教材

Flash 实训教程

FLASH SHIXUN JIAOCHENG

姜丽霞 乔 珂 编著

西南交通大学出版社

·成都·

内 容 简 介：Adobe Flash CS6 是基于创建动画项目和多媒体内容的强大设计创作平台。Adobe Flash CS6 设计让人身临其境，而且在台式计算机、平板电脑、智能手机和电视等多种设备中都能呈现一致效果的互动体验。

图书在版编目（CIP）数据

Flash 实训教程 / 姜丽霞，乔珂编著 . — 成都：西南交通大学出版社，2016.3

高等教育美术专业与艺术设计专业"十三五"规划教材

ISBN 978-7-5643-4539-6

Ⅰ . ① F… Ⅱ . ①姜… ②乔… Ⅲ . ①动画制作软件—高等学校—教材 Ⅳ . ① TP391.41

中国版本图书馆 CIP 数据核字（2016）第 024243 号

高等教育美术专业与艺术设计专业"十三五"规划教材

Flash 实训教程

姜丽霞　乔　珂　编著

责任编辑	杨　勇
助理编辑	李秀梅
封面设计	姜宜彪

出版发行	西南交通大学出版社 （四川省成都市金牛区交大路 146 号）
网　　址	http://www.xnjdcbs.com
电　　话	028-87600564　　028-87600533
邮政编码	610031
网　　址	http://www.xnjdcbs.com
印　　刷	河北鸿祥印刷有限公司
成品尺寸	185 mm×260 mm
印　　张	14.5
字　　数	275 千字
版　　次	2016 年 3 月第 1 版
印　　次	2016 年 3 月第 1 次
书　　号	ISBN 978-7-5643-4539-6
定　　价	58.50 元

前　言

Adobe Flash CS6 是基于创建动画项目和多媒体内容的强大设计创作平台。Adobe Flash CS6 设计身临其境，而且在台式计算机、平板电脑、智能手机和电视等多种设备中都能呈现一致效果的互动体验。新版的 Flash Professional CS6 附带了可生成 Sprite 表单和访问专用设备的本地扩展，可以锁定最新的 Adobe Flash Player 和 AIR 运行以及 Android 和 IOS 设备平台。作为最新版本，其强大之处令人刮目相看。本书全面介绍了最新版本 Flash CS6 简体中文版的使用方法和应用技巧，内容包括 Flash CS6 简体中文版的主要功能，动画设计制作流程，Flash CS6 简体中文版的工作界面布局介绍，图形、图像、文本等在软件中的应用，元件、实例和各类素材的使用以及各种动画的制作方法等，最后，还讲解了声音的使用及 Flash 动画作品的预览与发布。为了使书籍章节更具代表性，在章节中通过经典实例讲解，其中讲述的案例具有较高的代表性。每章节最后的总结则归纳章节的重点，便于读者整理学习思路与方法，从而达到更好的阅读学习效果。

动画片好看，但是制作起来麻烦，要让东西"动"起来就要使用不同内容的图片来不断的替换，我们且称之为"帧"。主流动画片制作普遍采用 12 帧每秒，帧多了制作成本太高，帧少了动作机械僵硬、不顺滑，在重造型、轻动作的日本动画片里有时会采用 8 帧每秒，遇上动作幅度大的镜头就明显有停顿感，所以在制作动画片的时候，每秒替换的帧越多所展现的动作越细腻逼真。

1998 年，MICROMIDIA 公司适时地推出了 Flash 这个改变网络景观的动画制作软件，它主要的优点是经过 Flash 编辑的动画发布的文件本身都非常小，而且是矢量图，可以无限地放大而图像质量不会发生变化，非常适合插入网页之中产生动态效果。到目前为止，互联网上用 Flash 制作的网页动画数量仅次于 GIF 动画，因为 GIF 动画有它的局限性，最多只能显示 256 色，在一些需要优美画面或者较多用到渐变色的情况，GIF 做的动画效果相对比较差。Flash 的优点还体现在它可以输出 AVI 文件，在电视或者影碟上播放。

目　录

第 1 章　初识 Adobe Flash 动画

本章节主要介绍 Flash 软件的基础界面布局、基础工具的使用以及 Flash 软件主要涉及方向和未来发展趋势。通过不同小节来介绍软件的各项基础功能，只有掌握扎实的基础，才能够更好地设计出高难度的动画项目。本章节由 Adobe Flash 的功能、Adobe Flash 技术应用领域、Adobe Flash 基本操作三部分内容组成。知己知彼，百战不殆，要想学好软件就要先了解其独有的魅力和特点，其次就是懂得基本操作概念、原理和设计方法，这样才能设计出高水平的 Flash 动画项目。

1.1　Adobe Flash 的功能

在学习软件的基础操作之前，先要介绍 Flash CS6 的最新功能。新功能在使用方式上有着不同的作用和表示方法。

其新功能包含有使用带本地扩展的 Adobe Flash Professional CS6 软件可生成 Sprite 表单和访问专用设备。生成 Sprite 表单，导出元件和动画序列，以快速生成 Sprite 表单，协助改善游戏体验、工作流程和性能。HTML 新支持以 Flash Professional 的核心动画和绘图功能为基础，利用新的扩展功能（单独提供）创建交互式 HTML 内容，导出 Javascript 来针对 CreateJS 开源架构进行开发。创建预先封装的 Adobe AIR 应用程序使用预先封装的 Adobe AIR captive 运行时创建和发布应用程序。简化应用程序的测试流程，使终端用户无需额外下载即可运行用户产所需的内容。Adobe AIR 移动设备模拟屏幕方向、触控手势和加速计等常用的移动设备应用互动来加速测试流程。锁定 3D 场景使用直接模式作用于针对硬件加速的 2D 内容的开源 Starling Framework，从而增强渲染效果。可伸缩的工具箱在 Flash CS6 里，所有的工具窗口都可以自由伸缩，从而使画面非常具有弹性。

以上这些新功能代表着 Flash CS6 软件的先进性和高效性，在后面的章节中也会有所涉及。

1.1.1 网页设计

Flash 软件作为一款动画制作软件，同时也担负着网页设计的重担。传说中的网页三剑客之一的 Adobe Flash 软件并不是徒有虚名，其在现代网页设计及未来网页、主页空间等发展趋势中都有着出色的表现，如图 1-1-1 所示。

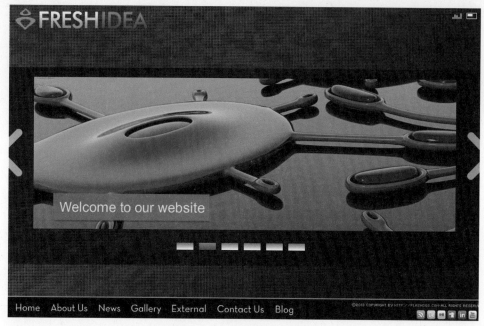

现代网页设计的目的和要求信息网络技术开启了人类新的生活、新的实践，更多人对网站设计有了一定的了解。网页设计的任务是要实现设计者的意图，既能使网站充分利用其生动活泼的优势，又不会因其一些限制因素，而使浏览者产生不好的心理感受，以至于影响到网页和浏览者的互动。为了提高网站的美观性增加一些广告厂商的利益，我们经常会看到好多内嵌式或漂浮式的广告，吸引我们的注意。在提倡个性化创作的今天，网络动画更加适合现代动画制作者的口味，并随之进入千家万户，网络技术的出现，给动画艺术提供了一个崭新的演示平台，无论是国外还是国内，近几年的动画都在蓬勃地发展。互联网要给企业带来利润，网页设计者需从以下方面着手：首先是设计功能性，网站是企业向用户和网民提供信息（包括产品和服务）的一种方式，是企业开展电子商务的基础设施和信息平台，离开网站（或者只是利用第三方网站）去谈电子商务是不可能的。网站宣传和反映企业形象和文化的重要窗口，所以网站的设计必须符合企业要求，充分体现企业功能。其次是设计艺术性，设计是一种审美活动，成功的设计作品一般都很艺术化。网页设计虽然属于平面设计的范畴，但它又与其他平面设计不同，它在遵从艺术规律的同时，还考虑人的生理特点，色彩搭配一定要合理，给人一种和谐、愉快的感觉，避免采用纯度很高的单一色彩，这样容易造成视觉疲劳。接下来是设计空间性，空间设计在作用于浏览者的视觉感受的同时，也产生不同的心理感受，增加画面的注目率。一般政府类和商业类网站的空间安排注重条理化，分层分级的简洁明快；媒体类以及个人类网站则追求时尚的或出人意料的、或神秘的、或非常态的个性化空间效果。最后是设计动感性，在

Flash 动态网站的设计过程中，合理运用嵌套技巧，会使设计效果事半功倍。在当前的网络状况下，使动态网站的文件尽可能的缩小，对于减轻浏览者等待的"厌烦心理"是十分有效的，从而培养更多的网站浏览用户群。这样的 Flash 动画网站，感觉都十分炫，具有很强很独特的个性，基本上能完全调动浏览者的积极性，给人以活跃的心理感受。

未来的网页设计不仅仅要提供给人们信息实用价值，同时还要赋予网页艺术生命和灵魂。其运用 Flash 独有的按钮技术和流媒体，使网页不再像传统的文字页面那样乏味。

1.1.2 交互设计

对于生活在高速发展时代的读者来说，单一的视觉体系已经远远不能满足各位的好奇心。而全新的 Adobe Flash CS6 将带给我们越来越多的制作交互功能技术与革新。软件带有可以进行交互功能的同时，也把这种技术扩展到日趋发达的手机和 Ipad 中，如图 1-1-2 所示。

图 1-1-2　互动界面参考图

这些交互程序及界面出现在我们生活的每个角落里，在本书中同时会有涉及互动环节的章节，但仅是基于电脑操作的互动技术。

1.1.3 无纸动画

Flash 软件有很多功能，但最为强大的就是它的无纸动画功能。同时也是当今流行的动画软件之一，特别是在中国。它是一种矢量动画格式，动画中的主要角色都是由简洁的矢量图形组成。通过各种元件图形的组成和运动，产生出动画电影般的视觉冲击力。其动画制作的基本原理与电影、电视一样，都是利用视觉残留的原理，在一幅画还没消失前播放下一帧画面，从而给人造成一种流畅的视觉变化效果，如图 1-1-3 所示。

图1-1-3　无纸动画参考图

　　上面看到的无纸动画参考图就是由 Flash 软件制作完成的。近几年我国动画市场相对平稳，对于能够运用 Flash 软件进行无纸动画创作的岗位也越加需要，同时这些岗位也要求动画设计师具有较高的动画设计能力和创新的思维能力，这两者缺一不可。只有把运动规律知识与软件操作能力相结合，才能够更好、更稳健地成为一名出色的动画设计师。

1.2　Adobe Flash 技术应用领域

　　越来越多的人相信，Flash 软件在设计领域中有着不可撼动的地位。我们也确信，软件本身的实用价值要远远超出我们的预想。Flash 英文本意为"闪光"，这类喜欢 Flash 的用户有了一个特殊的名称"闪客"，是全球流行的电脑动画设计软件。Flash 的前身是 Future Wave 公司的 Future Splash，是世界上第一个商用的二维矢量动画软件，用于设计和编辑 Flash 文档。1996 年 11 月，美国 Macromedia 公司收购了 Future Wave，并将其改名为 Flash，在出到 Flash 8 版本以后，Macromedia 又被 Adobe 公司收购，其最新版本为 Adobe Flash CS6。新的版本让我们看到其应用领域在向其他领域无限的扩张，这也正是软件本身的魅力之处。

　　显然，拥有众多技能的 Flash 软件不止具有以上小节所说的这些本领，更多的用途让我们一同了解一下。

1.2.1 娱乐短片

　　娱乐短片：是当前大陆最为火爆，也是广大 Flash 爱好者、专业设计师最热衷应用的一个设计领域，所谓娱乐短片就是利用 Flash 软件制作动画短片提供给观众娱乐。这是一个发展潜力很大的领域，也是一个 Flash 设计者展现自我创新水平能力的平台。娱乐短片首要任务就是让观众通过观看欣赏短片产生心情愉悦的共鸣。图 1-2-1 为用 Flash 软件制作的一个娱乐短片的参考图。

图1-2-1　娱乐短片《燕尾蝶》参考图

娱乐短片很大程度上为网络媒体提供了新鲜的血液，这无疑是一件好事。同时，其受众也多以年轻群体和在校学生为主，流行和传播速度惊人，从而达到宣传自身的目地，娱乐了观众，也宣传了自己。

1.2.2 片头

什么是片头：片头就是在某种活动或展示开始前用来对本次活动进行宣传、调动现场气氛，从而引导观众有兴趣融入到活动中来。简单地说，就是给活动做小型广告。因此，在片头中一定要呈现出相关信息（如：活动名称、主办单位、宗旨等），而且要劲爆、动感。很难想象，一首摇篮曲能调动观众们的热情。Flash 片头，是指在网站或多媒体光盘前，运用 Flash 制作的一段动画诠释了整个光盘内容，并浓缩了企业文化的一段简短多媒体动画。它具有简练、精彩的特性。

一段优秀的 Flash 片头设计，代表了一个可以移动的品牌形象，可以运用在企业对外宣传片、行业展会现场、产品发布会现场、项目洽谈演示文档，甚至企业内部酒会等多个领域。

片头的制作首先是要有好的创意和构思，明确主题，即要确定如何表达、相关的信息（活动名称、主办单位、宗旨等）、主题色等，主题是整个片头的核心，如图 1-2-2 所示。

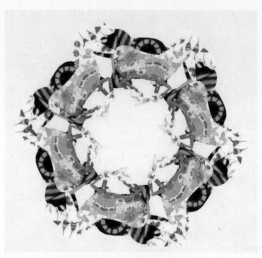

图1-2-2 片头动画参考图

1.2.3 广告

有了 Flash 软件，广告在网络上发布才成为了可能，而且发展势头迅猛。根据调查资料显示，国外的很多企业都愿意采用 Flash 制作广告，因为它既可以在网络上发布，也可以存为视频格式在传统的电视台播放。一次制作，多平台发布，所以必将会越来越多地得到更多企业的青睐。

Flash 广告，是用 Flash 软件制作互联网广告的一种形式，简单来说就是横幅设计。目前，网站上的广告有相当多是使用 Flash 制作的，原因就在于 Flash 的表现方式比 GIF 动画要丰富许多。网站 Flash 广告是网络广告中最为时尚，最流行的广告形式。很多电视广告也采用 Flash 进行设计制作，网站 Flash 广告包括：Flash 网络广告条、网站内 Flash 动画用 Flash 制作的 Banner、Flash 专题网页、Flash 网站导航页动画等。Flash 广告常见类型有通栏、Banner、Button、画中画、对联、擎天柱、浮标、流媒体、富媒体等，如图 1-2-3 所示。

图1-2-3 广告动画参考图

1.2.4 MV

Flash MV，顾名思义，就是 Flash 动画作品和音乐结合在一起而形成的，其实就像 MV 一样，只是用 Flash 软件设计来实现发布。随着 Flash 软件的普及，闪客成为一种流行时尚，大多的 Flash 爱好者都会设计许多好听的 Flash 音乐，将自己喜欢的 Flash 音乐收藏到自己的动画作品中里，然后通过动画，加上自己设计的剧情，即可制作出一个相当优美，声情并茂的动画音乐作品。因为近几年网络的兴起，Flash MV 以短小著称，许多歌手也首先将主曲制作成 Flash MV 作品，然后通过网络第一时间向网友传送，并在网上迅速传播，具有很好的效果，如图 1-2-4 所示。

图1-2-4　MV《大不了是散》参考图

1.2.5 应用程序开发的界面

传统的应用程序的界面都是静止的图片，由于任何支持 ActiveX 的程序设计系统都可以使用 Flash 动画，所以越来越多的应用程序界面应用了 Flash 动画，如金山词霸的安装界面。如今，很多系统都带有各种新颖的界面，而这些界面大多是以 Flash 为支撑作为互动点击，如图 1-2-5 所示。

图1-2-5　应用程序界面参考图

1.2.6 开发网络应用程序

目前 Flash 已经大大增强了网络功能，可以直接通过 XML 读取数据，又加强 ColdFusion、ASP、JSP 和 Generator 的整合，所以用 Flash 开发网络应用程序也会越来越广泛地被采用，如图 1-2-6 所示。

图1-2-6　开发网络应用程序参考图

1.2.7 小游戏

利用 Flash 开发"迷你"小游戏，在国外一些大公司比较流行，他们把网络广告和网络游戏结合起来，让观众参与其中，大大增强了广告效果。目前，各种主流设备都可以支持由 Flash 制作开发的游戏，如图 1-2-7 所示。

图1-2-7　Flash游戏参考图

1.3　Adobe Flash 基本操作

所有软件都有自身专属的界面布局，Flash 软件也不例外。但需要提示给读者的是因为每个版本都有着不同的升级和改进，所以在整体界面布局上会略有不同。学习任何一款软件，都需要正确安装该软件。本书所介绍的是 Flash CS6版本，这里提示一点，如果作为个人学习使用，可以随意选择软件版本，例如Flash CS3、CS4、CS5 等，但如果要形成动画项目组，那么就要统一版本型号，这样有助于文件的批改。

1.3.1 建立 Adobe Flash 文件

安装 Flash CS6 以后，双击桌面上的""图标，等待软件开启。软件开启的速度和个人电脑的配置有一定关系，特别是高版本的软件对系统和硬件的配置都有一定的要求，如图 1-3-1 所示。

图1-3-1　Flash CS6开启画面

打开界面后，有三种可以关闭软件的方式，第一种是单击软件右上角的"❌"按钮；第二种是选择文件栏，最下边的的"退出"选项；最后一种是直接使用快捷键"Ctrl+Q"来退出软件。

1.3.2 Adobe Flash 的预览和工程文件保存

在没有进行软件实际操作学习之前，要先培养起一个良好的软件制作使用习惯，这将有助于读者和爱好者未来制作动画等相关文件效率的提升。首先要掌握的习惯就是经常保存个人的文件。文件有两种保存方式，第一种是选择文件栏中保存选项，单击后"保存"，第二种是用快捷键"Ctrl+S"进行保存，如图1-3-2所示。

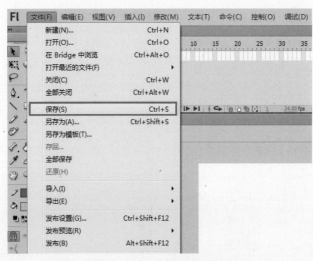

图1-3-2　Flash CS6保存

学会保存文件之后，还要学会用什么标准格式来观看其制作的动画片。在安装 Flash 软件之后，一般情况下，都会跟随软件安装一个自带的播放器 Adobe Flash player。这个播放器是 Flash 软件专属播放器，主要播放的是 Flash 专有的动画格式视频，即 swf 格式视频文件。通过 Adobe Flash player 播放器可以直观地观看到原件制作的动画效果。当然，随着网络上各种功能的播放器的越来越多，很多播放器都能够流畅的播放 swf 视频，不过还是建议使用自带播放器来观看和检查动画。

1.3.3 Adobe Flash CS6 软件界面布局

Adobe Flash CS6 为用户提供了前所未有的界面布局，这种布局风格和样式更趋于苹果系统的界面。而界面的灵活多变，也成为此次软件更新较为突出的特点。界面布局合理，还可以根据设计者不同需要进行界面的重新布局，已达到工作效率的提升。

首先看一下 Adobe Flash CS6 的默认整体界面，默认界面相对完整，如图1-3-3所示。

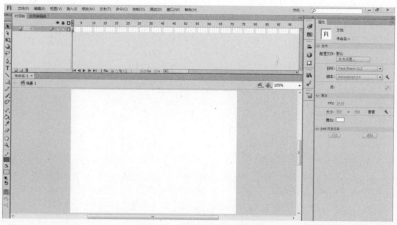

图1-3-3　Flash CS6整体界面

基本界面相对来说比较完整，适合新人学习。Adobe Flash CS6 的基础界面也叫做传统界面，是为以前使用过低版本的用户而设立的。同时，软件本身也为读者提供了一些默认自带的应用界面，可以在软件最顶部的窗口栏找到，并进行修改，如图 1-3-4 所示。

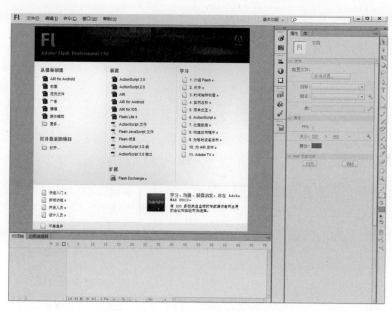

图1-3-4　Flash CS6界面调节位置

从上面的界面调节位置可以看出，软件自身为操作者准备了几种常用的软件界面布局，方便设计者操作，可以根据个人的兴趣爱好而定。本书中所使用的是相对老版本界面的传统界面，便于读者更直观地、清晰地学习和掌握软件。

接下来，为了能够更好地使读者了解整个软件的布局和概况，这里把 Adobe Flash CS6 的整体界面进行了分配，如图 1-3-5 所示。

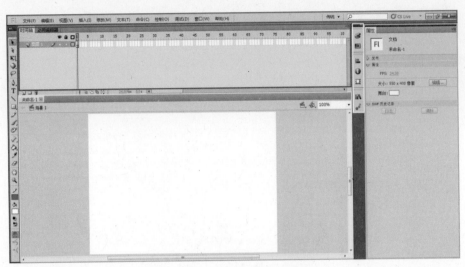

图1-3-5　Flash CS6界面分布图

　　从上面的分布图可以看出，最上面红色的部分为软件的菜单栏，其主要作用是把所有功能和命令都放置在里边，提供命令帮助。最左边蓝色区域为工具栏，在Flash软件中，工具栏的作用可以说是相当重要，在软件中所涉及的道具、场景、角色都要由工具栏中的工具来完成绘制。用黄色标示出来的部分叫做舞台，之所以叫做舞台，顾名思义展示给观众的区域就是这里。其中白色部分是舞台的核心部分，白色区域也是未来要导出动画的部分，而灰色区域则是预留部分。再往上的紫色区域是时间轴，这一块的功能主要是负责对动画时间以及动画调节，通俗来说就是执行动画与时间的区域。如果需要隐藏时间轴区域，需要单击一下左上角时间轴标签，就可以直接隐藏，再次单击又会出现。与此同时，还可以用鼠标左键按住时间轴标签，这样可以直接挪动时间轴的位置，便于我们设立自己的界面。白色线框区域为附属区域，里边可以自由进行一些工具面板的放置和使用，主要由色彩面板、库面板等面板组成。最后来介绍一下最右边的绿色区域部分，叫做属性面板。属性面板一般情况下都要对应工具栏里的工具来查看和使用。

　　以上这些看似很简单的区域，就是各位读者和Flash爱好者进行"战斗"的主要区域。

　　同时我们还会注意到舞台区域左上角有一个文件名显示区域，这个主要是显示当前文件文档的名字以及所处文档情况，在Adobe Flash CS6中可以进行多个文件编辑，在这里可以根据自己的需要选择文档。

1.3.4 Adobe Flash CS6 相关技术概况

　　对Adobe Flash的界面布局已经了解，还需要了解Flash软件一些相关技术情况。例如，有时候我们生成视频需要导出Quicktime格式视频，而此类视频是直接支持苹果等系统设备，在我们进行动态文件导出时，提前需要安装 Quicktime 软件，只有正确安装有 Quicktime 设备的系统，在导出视频时，才能够导出苹果系统专有视频格式 MOV。

Adobe Flash CS6 具有先进的动画骨骼系统，骨骼系统可以辅助角色设计师完成角色行走、跑动等动画效果。先进的骨骼系统给了我们良好的动画支撑。

同时，新的 Flash 软件还为我们提供了自动保存和恢复功能，帮助我们进行破损文件恢复，从很大强度上保证了软件文档的稳定性。

本章小结

通过第一章节的学习，最主要是让读者了解 Adobe Flash CS6 的软件特性和整体架构布局。任何软件学习都要有一个循序渐进的过程，不能一味追求速度。本章节内容中主要小节为 Adobe Flash CS6 软件布局这一小节，在后续的教学中，还会具体涉及每个部分的应用及用途。

第 2 章　Adobe Flash 绘图工具

本章节将正式进入到软件的学习，随着章节逐步深入，新知识点和新绘图技巧也会随之增加。希望读者不要跳跃式阅读，而是逐一章节阅读学习。本章节多以绘制基础为主，同时结合实际案例练习。绘制知识是在 Flash 软件学习中相对基础的知识点，这些基础知识点为今后各位设计师提供坚实的地基。

2.1　操作环境设置

Adobe Flash CS6 软件对电脑运行系统以及硬件的要求并不高，这也是软件较好的特点之一。在进行软件开启之前，最好把个人电脑一些占内存比较大的软件或游戏关闭，特别是在制作动画项目时，需要进行合理分配电脑系统资源。当开启软件时，需要进行文件新建等一些操作命令。

2.1.1 Adobe Flash CS6 文件属性

文件属性，也就说需要进行新建文件等相关知识的学习。首先来看一下新建文件，双击打开 Flash 文件，如图 2-1-1 所示。

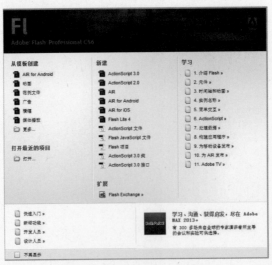

图 2-1-1　Flash CS6开启界面

在这个开启界面中，各位读者能够看到在新建位置一共有两项新建文档，第一个是 ActionScript3.0，另外一个是 ActionScript2.0。这两个在制作动画项目上本质上是没有任何区别的，但要是涉及到脚本语言等相关信息，就有一定的区别了。在本书中主要涉及到的多以动画项目为主，所以选择使用 ActionScript3.0 版本就可以进行动画制作。这里还有另外一种办法就是按快捷键"Ctrl"+"N"来新建文件,如图2-1-2所示。

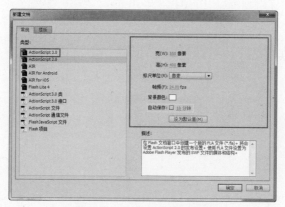

图2-1-2　Flash CS6新建界面

从上图可以看出,使用快捷键可以直接调出新建界面。左边红色框表示我们直接用鼠标单击就可以完成文件新建。这里主要看一下右边红色边框,红色边框中的参数是对新建文件尺寸大小的设置,在这里我们需要提示各位读者,在练习时宽高比是可以没有要求的。但是一旦进行项目制作,那就要按照动画项目所要求的宽高比进行尺寸设置,不能先做动画后再改尺寸。请注意看黄色边框位置,这个就是 Adobe Flash CS6 自带的自动保存选项,我们可以勾选它,并把时间设置为 5 至 10 分钟,这一项设计有利于避免初学者不爱保存,导致文件丢失问题的发生。

新建文档后,在制作动画过程中往往需要不时地进行文件保存。当然利用软件自带保存功能也可以解决此问题,这里所说的保存是手动保存文件方式和方法,如图2-1-3所示。

图2-1-3　Flash CS6保存选项

通过菜单栏里文件下边的保存就可以把当前正在制作的文档进行有效的保存，快捷键是"Ctrl"+"S"。希望读者能够记住这个快捷方式，经常在制作中会使用它。当单击保存后，会相应弹出保存界面对话框，如图2-1-4所示。

图2-1-4　Flash CS6保存界面

因为是第一次对文件进行保存，所以左上角红色框显示另存为，待后边继续保存时，就不会出现这样的问题。下面红色边框内容是对文件名称和文件版本进行选择。通常使用哪个版本进行动画制作，就保存哪个版本的文件。最后可以通过左边来直接选择动画保存文件所要保存的位置。这里需要提示给各位读者，当前会看到一个单词为fla，这个单词表示的就是Flash软件自身保存文件的源文件，当我们看见文件后缀带有fla时，说明这是Flash文件源文件，可以对其进行打开及修改。

保存文档之后还需要了解如何关闭软件中的文档，关闭文档可以直接选择要关闭的文档标签，然后点击标签右上角的"<img>"标志，如图2-1-5所示。

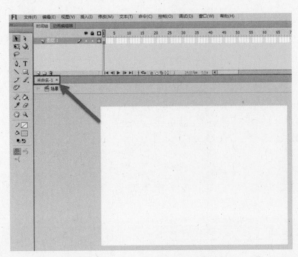

图2-1-5　Flash CS6关闭文档

如果软件文件之前没有进行保存，此时会弹出提示保存对话框，选择"是"进行保存，选择"否"则不保存，选择"取消"退回当前状态，如图2-1-6所示。

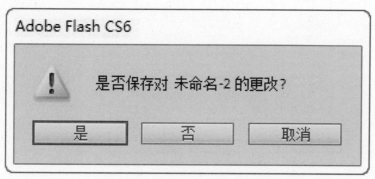

图2-1-6　Flash CS6关闭文档选项

同时软件为操作者提供了同时打开多个文档功能，可以选择不同文档进行操作和设计，当我们需要同时关闭多个文档时，选择菜单栏文件中的"全部关闭"就可以一次关闭多个文档，如图2-1-7所示。

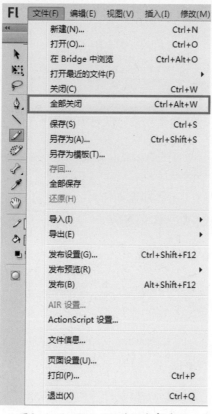

图2-1-7　Flash CS6关闭全部选项

在用软件进行实际操作时，有时需要打开多个文档进行使用，打开最近已经用过的文档方法，如图2-1-8所示。

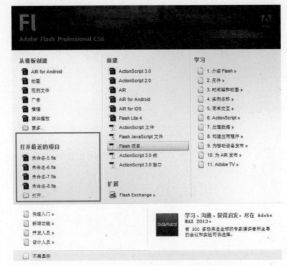

图2-1-8　Flash CS6打开最近文档选项

　　从上图可以查看到最近已经制作或者打开过的文件，然后选择要打开的文档名称并单击完成选择。如果列表上没有的，还可以直接单击最下方"打开"，查找到个人所要打开的文档，或者通过菜单栏文件中的选项来打开最近的文档，如图2-1-9所示。

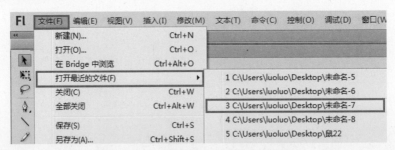

图2-1-9　Flash CS6打开最近文档选项

　　学会以上文档知识后，还要知道如何对已做好的文档进行预览检查。这同样需要在菜单栏里选择，如图2-1-10所示。

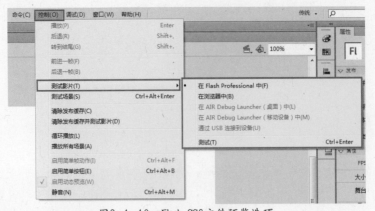

图2-1-10　Flash CS6文件预览选项

一般情况下，都会使用键盘上的快捷键"Ctrl"+"Enter"来完成动画效果的直接预览。

以上这些知识点都是 Flash 软件中最基础的知识，同时也是为未来熟练操作软件铺下基石。

2.1.2 标尺、网格和辅助线

标尺工具是在软件操作中经常使用的工具之一，特别是对要求严谨、数据参数精密的设计来说，更是必不可少。

在默认情况下，标尺工具不会出现在软件的舞台上，需要进行手动打开。标尺工具是在菜单栏视图中，如图 2-1-11 所示。

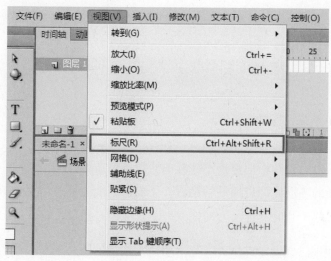

图2-1-11　标尺工具

点击后，标尺就显示在舞台周围，如图 2-1-12 所示。

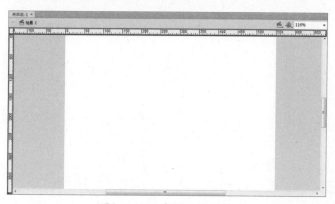

图2-1-12　标尺工具位置

这里提示一点，如果标尺的坐标起始位置是 0，也就是说坐标轴的 X 轴和 Y

轴的起始位置都是舞台的左上角，这一点标志着坐标点为0，这一点对以后学习脚本语言有很重要的作用。要学会打开标尺工具的同时，也学会关闭标尺。同样选择标尺工具所在位置，再次单击一次即可关闭标尺。

标尺作用在于用它来约束图形大小或者位置，单纯地打开标尺是不够的，还需要配合辅助线来完成对图形位置及其他问题的约束。首先需要打开标尺工具，然后把鼠标指针移动到标尺上面，按住鼠标左键进行拖动就可以完成一条辅助线的设置，如图2-1-13所示。

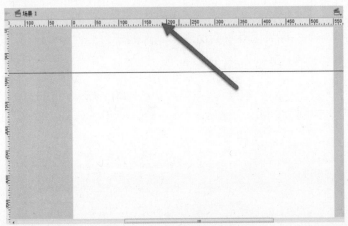

图2-1-13　拖动辅助线位置

辅助线可以垂直和横向拖拽出需要的数量，想要修改辅助线的位置，只需要按住需要调动的辅助线即可挪动辅助线。想要对辅助线进行消除也很简单，同样需要按住辅助线，并向其标尺方向拖拽，一直拖拽过标尺位置即可。

辅助线如果已经设定好位置，不需要再次改动，就需要对拖拽的辅助线进行锁定，在菜单栏视图中"辅助线"菜单下选择"锁定辅助线"，如图2-1-14所示。想要取消锁定只需要再一次单击即可。

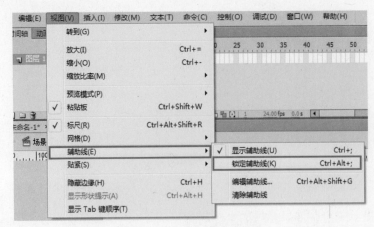

图2-1-14　锁定辅助线位置

如果发现辅助线颜色与背景颜色重合，或者与图形颜色贴近，就需要对辅助线进行颜色调节。其调节颜色的位置也在菜单栏视图里"编辑辅助线"菜单下设置，如图 2-1-15 所示。

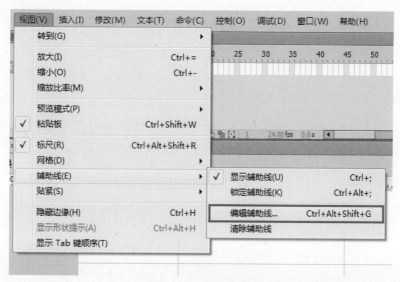

图2-1-15．辅助线设置

　　这时会弹出一个对话框，里边有设置和改变辅助线颜色等，如图2-1-16所示。

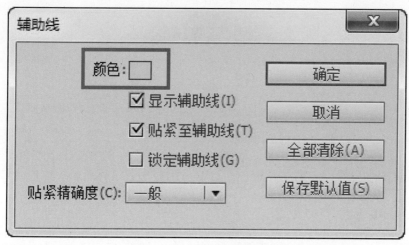

图2-1-16　辅助线颜色设置

　　画面中辅助线如果过多，不能进行一一删除，那么可以点击"全部清除"来完成画面当中所有辅助线的清理任务。

　　网格工具和辅助线工具的用法很相似，其功能也是对图形的约束和位置对齐等。但网格工具不用一条线一条线去拖拽，而是直接显示在舞台上。打开网格，如图 2-1-17 所示。

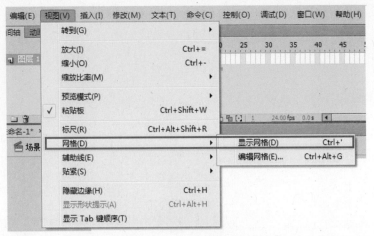

图2-1-17　网格开启设置

　　想要取消网格，同样再一次单击这个地方就可以取消网格的显示。下面来具体介绍一下网格工具的设置。选择视图中网格里的编辑网格，如图 2-1-18 所示。

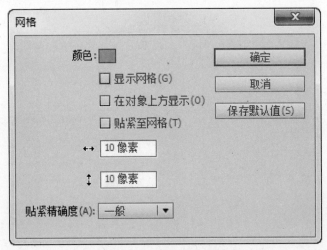

图2-1-18　网格设置界面

　　从上图可以看出，网格设置界面可以对网格颜色进行更换，同时可以使用"显示网格"或者"关闭显示网格"。在对象上方显示这一项是非常有用的，勾选这一项可以使网格显示在绘制图形的上边，方便对齐等作用。最下边的贴紧至网格勾选后，可以使所选的图形直接吸附在网格上。假如对网格的长宽不确定，那么可以自行在这里对网格的长、宽进行参数设置，已达到个人需要的大小，最后点击"确定"完成。

2.1.3 手形工具和缩放工具

　　缩放工具在日常动画制作和其他操作中是最为常用的，往往在对一些细节的描绘和刻画时，都需要用到"缩放工具"。利用"缩放工具"可以在绘制过程当中更好地完成和丰富细节。而手形工具更多的是辅助我们在设计过程中，在不耽误使用工具的情况下，移动画面和位置。

首先，来看一下缩放工具，缩放工具位于 Flash 工具栏下方位置，如图 2-1-19 所示。

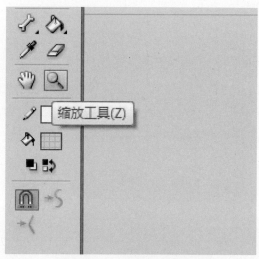

图2-1-19 缩放工具位置

在工具栏中，缩放工具放在并不显眼的位置。主要是因为在进行正常制作 Flash 动画或设计时，通常不会直接去选择缩放工具，而是使用键盘快捷键来完成画面的缩放。使用键盘上 "Ctrl" + "+" 或者 "Ctrl" + "-"，来完成对画面控制。

"手形工具"也是比较常用的工具之一，利用手形工具能够很顺畅完成现有工具和移动画面之间的切换。当然，这里还会提及"手形工具"的隐藏功能。先看一下手形工具位置，如图 2-1-20 所示。

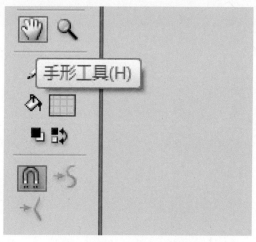

图2-1-20 手形工具位置

手形工具快捷键是键盘上的"H"键,但在熟练操作中,经常使用键盘上的空格键作为快捷键。在使用其他工具时,只需要按住空格键,同时按住鼠标左键,就可以及时挪动画面。第二个隐藏知识点,当设计者在设计中,已经脱离画面原有位置和尺寸时,就需要对画面原始位置进行校对,这里就会用到手形工具。使用鼠标,双击手形工具,这样就可以直接恢复到预设窗口尺寸位置,这几个小知识点是日常操作中必不可少的。

2.1.4 案例:标尺、网格和辅助线的应用

下面要做的案例是根据动画镜头尺寸,利用标尺和辅助线来标出镜头具体尺寸和位置。一般情况下,在制作 Flash 动画时,有可能会出现载入图像超出舞台范围大小,这样在进行镜头等操作时,很难把握镜头所处位置。这时,最好利用标尺和辅助线来帮助完成。

首先在菜单栏中选择"标尺"工具,并选择它打开标尺功能,如图 2-1-21 所示。

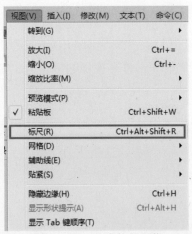

图2-1-21 开启标尺功能

这时会在舞台上显示出标尺,然后使用鼠标分别在标尺 X 轴和 Y 轴拉出四条辅助线,并拖拽至舞台边缘位置,如图 2-1-22 所示。

图2-1-22 拖拽标尺

把辅助线拖动到舞台边界位置，这时就可以在舞台上随意绘画或者调入外部图片。为了举例方便，我们使用矩形工具绘制了一个矩形，同时超出舞台范围，如图2-1-23所示。

图2-1-23　标尺位置

当绘制图形已经覆盖舞台甚至超出舞台时，通过辅助线，使设计者仍能够看到舞台边界位置，可以更好地完成镜头移动等动画的设计。

2.1.5 案例：手形工具、缩放工具的应用

这个案例将用简单的过程完成对正在使用工具和手形移动工具的切换。

首先新建文件，在舞台中绘制一个椭圆形，如图2-1-24所示。

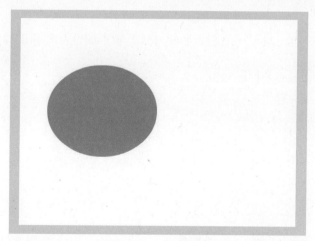

图2-1-24　绘制案例

然后使用"笔刷工具"随意对椭圆图形进行绘制，这时，可以使用"空格工具"对舞台进行临时移动，不需要移动时可以松开空格键。

这种技巧可以说在绘制和设计任何作品时，都会用到，而且会经常使用。同时，还可以配合键盘"Ctrl"+"+"或者Ctrl+"-"来完成对舞台的缩放等功能。

这里有个小提示，在利用快捷键来完成对舞台缩放时，往往先单击选中要针对的对象，这样当进行快捷键放大或缩小时，就会只针对选中的对象进行放大缩小，有利于设计和绘制。

2.2　绘制图形

在 Adobe Flash CS6 软件使用中，要想使导出后的文件量小，就要尽量使用 Flash 软件内部绘制出的图形，而不是直接进行外部调入文件。在软件使用过程中，绘制图形是很有必要的。动画中，可以绘制道具、角色、场景等很多需要设计绘制的图形，其自身文件占有量不大，而且从色彩和风格上也更趋于 Flash 矢量风格。

2.2.1 绘制图形工具

在 Flash 软件中，绘制图形工具是最为常用的工具之一。本小节主要介绍有关绘制方面的知识及内容，全面讲解使用软件绘制的方法和在实际案例中的具体应用。掌握图形绘制工具使用技巧，使未来的动画制作更为得心应手。

在绘制图形工具里，我们着重介绍有关动画制作和相关工具的使用。

首先，介绍在 Flash 中绘制矢量图形，进入 Flash 软件，所有基于软件工具进行绘制的图形都属于矢量图形范畴。

首先介绍一下工具栏中绘制矩形的方式及图形属性。选择工具栏中矩形绘制工具，如图 2-2-1 所示。

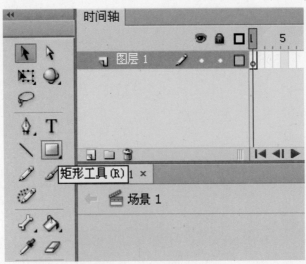

图2-2-1　选择矩形工具

再选择颜色。任意选择一个颜色，然后在舞台上绘制出一个矩形图形，如图2-2-2所示。

图2-2-2 绘制矩形

绘制完成后，可以利用选择工具对矩形图形进行框选，这时发现矩形图形上边出现具有选中状态的白色雪花点，这说明当前框选的为图形形状。然后再次利用矩形工具在空白处绘制一个矩形，并把新绘制的矩形选中移至到另外一个矩形上方，如图2-2-3所示。

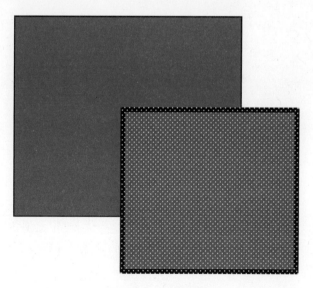

图2-2-3 矩形重叠

把矩形移至重叠后，单击空白处，再把刚刚移过去的矩形移走就会发现问题所在，如图2-2-4所示。

图2-2-4 移出矩形

提示：对于初次使用 Flash 的人员来说，当把后绘制的图形叠放到原有图形上面后，如果确定放置位置，就不能再一次移动其图形位置。否则就会如上图所示那样，后面的图形就会把前边的图形给剪切掉。

接下来，再介绍一下椭圆工具。"椭圆工具"主要用来绘制椭圆或正圆形，其所在位置位于工具栏中，如图 2-2-5 所示。

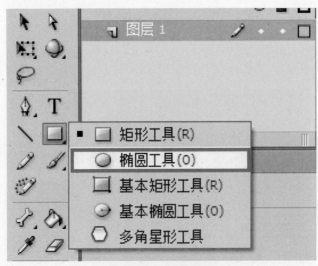

图2-2-5 椭圆工具

可以通过工具栏下方的颜色栏来修改椭圆的边颜色和内部填充颜色，其用法和矩形工具绘制方法很接近，同时也可以使用颜色属性面板来自定义颜色进行调节。

按住鼠标左键，在舞台上可以直接绘制一个椭圆形，要想得到正圆，可以配合按住键盘上的"Shift"键就会得到正圆，如图 2-2-6 所示。

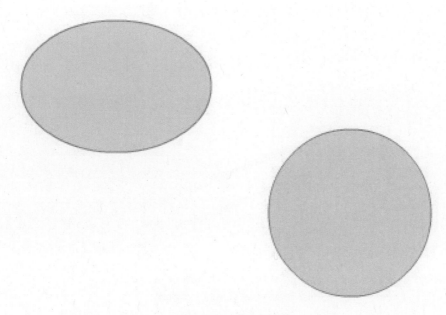

图2-2-6　正圆与椭圆

同时还可以配合椭圆的属性面板参数进行个性椭圆绘制，选择椭圆工具，然后再看一下其属性面板栏，不难发现椭圆工具有很多属性参数可供设置。在这里，可以随意进行数字调节来绘制出不同的椭圆形，如图2-2-7所示。

这时会发现，利用属性参数可以绘制出平时不容易绘制的图形。

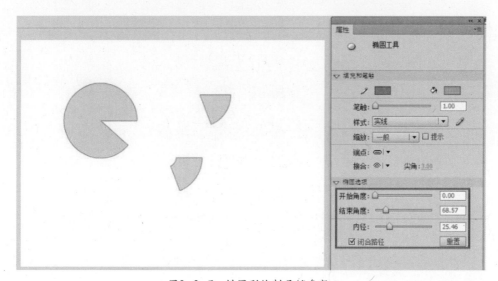

图2-2-7　椭圆形绘制属性参数

再来看一下另外两个绘制工具，一个是基本矩形工具，另外一个是基本椭圆工具。这两个工具在基础操作上和矩形工具或有椭圆工具并无明显差别，而与前者的区别是在绘制时和绘制后。普通的矩形工具和椭圆工具在绘制之前可以进行倒角，把四个角进行圆滑或者对椭圆进行设置，当绘制完成之后就不能再一次进行修改。而基本矩形和基本椭圆工具就可以进行多次更改，如图2-2-8所示。

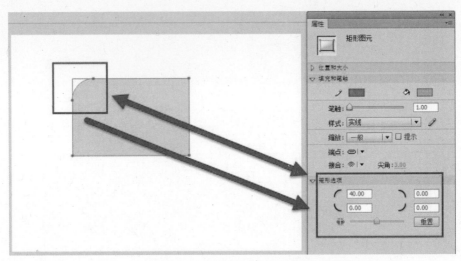

图2-2-8　基本矩形修改界面

从上图可以看出，使用基本矩形绘制工具可以进行反复修改设置。

接下来，再来学习一下多角星形工具，这一类工具比较适合绘制者来绘制一些标准图形和星形图形，省去很多不必要的步骤和时间，方便快捷。

先看一下多角星形工具位置，如图2-2-9所示。

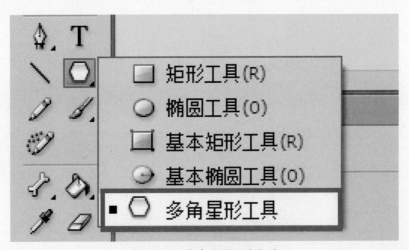

图2-2-9　多角星形工具位置

其颜色用法与之前矩形工具等用法相同，使用"多角星形工具"在舞台上按住鼠标左键，可以直接拖拽出图形，如图2-2-10所示。

图2-2-10　多角星形工具位置

当选择"多角星形工具"时，同时看一下其所对应的属性参数，如图 2-2-11 所示。

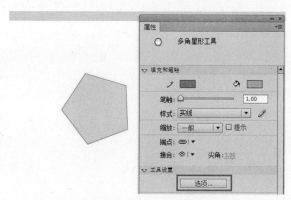

图2-2-11　属性选项

然后单击红色位置的选项栏，会弹出一个进阶属性对话框，对"多角星形工具"进行深入调节，如图 2-2-12 所示。

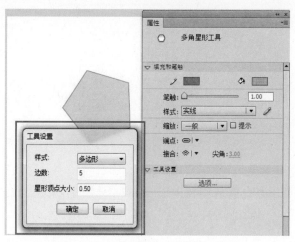

图2-2-12　多角星形工具进阶属性

调整样式中的选项为星形，如图 2-2-13 所示。

图2-2-13　绘制五角星

"铅笔工具"是 Flash 软件中用来绘制一些道具或角色的工具之一，其位置也位于工具栏中，如图 2-2-14 所示。

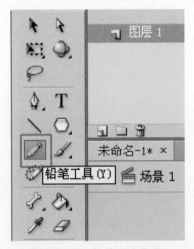

图2-2-14　铅笔工具位置

"铅笔工具"选择后，要对应看其工具栏下边的铅笔模式选项，这里为设计者提供几种常用的铅笔工具模式，如图 2-2-15 所示。

图2-2-15　铅笔工具模式

在默认情况是选择伸直状态，然后在舞台上利用铅笔工具可以绘制一些线条。这里提示一点，如果要想得到水平直线和垂直直线，需要进行配合按住键盘上"Shift"键，同时按住鼠标左键，这样就能够得到水平直线和垂直直线。当然，也可以进行45度相对角度直线绘制。

上边提到铅笔模式里有三种不同模式，使用伸直模式可以使绘制出的线条相对有角点，而选择平滑后，绘制出线条也相对平滑许多，比较提倡使用平滑模式。最后一项是墨水瓶工具，墨水瓶工具相对前两者来说，绘制出的线条更随意，没有受软件限制。

学习了铅笔工具，那就一定要学习"刷子工具"。刷子工具和铅笔工具用法相似，但在颜色调换上有一定区别。铅笔工具对应调节铅笔工具颜色区域，而刷子工具要调节油漆桶对应区域。这一点一定要切记，不要混淆。

在 Flash CS6 版本中，工具栏里多了"喷涂刷工具"。这一工具也是 CS6 版本中新增的工具之一，喷涂刷工具有时能够在绘制上起到不小的作用。喷涂刷工具位于工具栏中，与刷子工具处于同一位置，在选择时，需要按住刷子工具，进行选择，如图 2-2-16 所示。

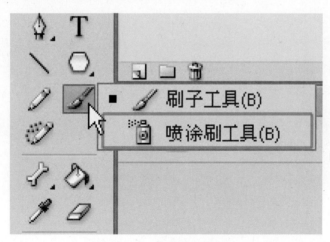

图2-2-16　喷涂刷工具位置

选择"喷涂刷工具"，然后对应查看其属性栏，就会发现"喷涂刷工具"对应的属性，如图 2-2-17 所示。

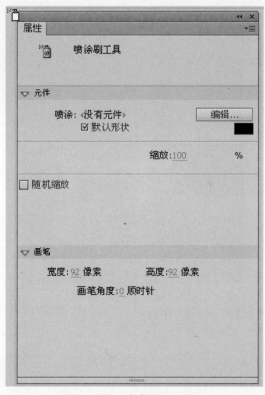

图2-2-17　喷涂刷工具属性

在属性栏中可以看见，有一个默认形状的选项，如果在库中存在已经生成的元件，那么可以取消这个项目或者直接点击"编辑"。如果在库里没有元件，那么在这一栏就不用进行选择。这时我们先进行"喷涂刷工具"在舞台上的绘制，看一下一般情况的喷涂效果，如图2-2-18所示。

图2-2-18　喷涂刷工具喷涂效果

如果在库面板中有元件，那么可以选择用元件形状来替换刚刚喷涂的点。单击其属性中的"编辑"，然后看到弹出的对话框中有事先预备的图形元件，并选择元件。最后再次利用"喷笔刷工具"进行喷绘舞台，看一下效果，如图2-2-19所示。

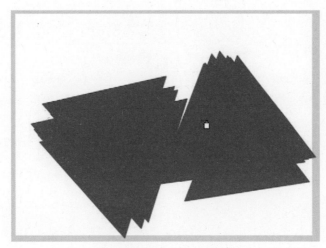

图2-2-19　喷笔刷工具效果

同时看一下"喷涂刷工具"的属性栏，会发现有红色边框标注的地方，这些地方可以进行对当前元件的大小、旋转方向等的缩放和调整，如图2-2-20所示。

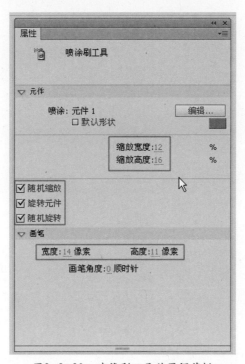

图2-2-20　喷笔刷工具效果调节栏

学习Flash CS6就不得不学习一些有关软件的新的工具。例如，下边这个工具就是Flash CS6新增的工具之一，名字叫做"Deco工具"，这个工具有自身独

特的自带笔刷效果，便于我们进行一些纹理肌理效果的绘制。先来看一下"Deco
工具"位置，如图 2-2-21 所示。

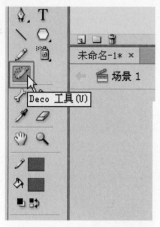

图2-2-21　Deco工具位置

然后单击选中"Deco 工具"，观察它的属性栏就会发现，"Deco 工具"的特
有属性，如图 2-2-22 所示。

图2-2-22　Deco工具属性

进行默认选项设置，在舞台上进行单击，查看效果，会发现舞台上出现绿色
藤蔓效果，如图 2-2-23 所示。

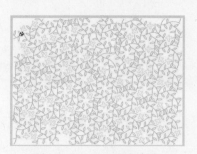

图2-2-23　Deco工具效果

当然，也可以利用绘制工具对它进行范围约束，比如下面这个例子，用直线对舞台进行一个范围的勾画，再对里边进行点击，如图 2-2-24 所示。

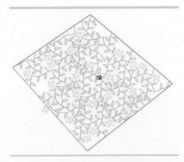

图2-2-24　Deco工具效果

"Deco 工具"不仅可以进行单帧绘制，同时还可以进行动画逐帧绘制。下面这个范例就可以进行逐帧的动画绘制，选择 Deco 属性栏最下边的动画项目，选中的同时再一次在我们事先设定的区域范围内单击这个工具，完成后再对应看一下时间轴就会发现，软件已经把动画所需要的帧全部加载到时间轴上，如图 2-2-25 所示。

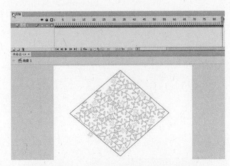

图2-2-25　Deco工具逐帧动画效果

"Deco 工具"还可以对其图案和动画进行预设的设置，如图 2-2-26 所示。

图2-2-26　Deco工具预设效果效果

这里可以看到"Deco 工具"为设计者提供了很多样式的笔刷，每个笔刷都有单独属性，无论修改哪一个属性，都会对它的动画有一定的影响。

接下来看一下"钢笔工具"，如果学过 Photoshop 软件，就会对钢笔工具非常熟悉，其使用方式和 Photoshop 软件类似。首先看一下"钢笔工具"位置及使用方式，钢笔工具同样也是位于工具栏中，如图 2-2-27 所示。

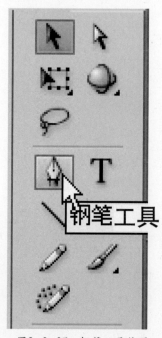

图2-2-27 钢笔工具位置

鼠标单击选中"钢笔工具"，直接可以在舞台上进行绘制，连续单击就可以进行直线线段绘制，如果想要进行曲线绘制，那么就需要按住鼠标左键进行拖动，曲线绘制完成，如图 2-2-28 所示。

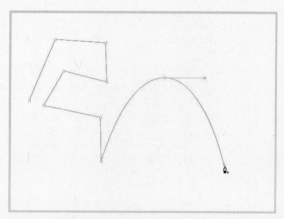

图2-2-28 钢笔工具绘制

要想继续进行绘制可以直接在任意处点击，但是这里会发现当选择曲线编辑后，再次点击就会一直呈现出曲线模式，如果想要进行直线点击，就需要再一次单击前一个绘制点，便可以完成改变模式。

当"钢笔工具"绘制完成后，如果感觉绘制点也就是节点位置不正确，可以选择工具栏的部分选取工具来进行修改，其快捷键是键盘"A"键。若想要在绘制完成的线段上进行加减点，那么就需要选钢笔工具所对应的工具，在工具栏中鼠标左键按住"钢笔工具"，就会出现隐藏在钢笔工具下的"增减锚点工具"，如图2-2-29所示。

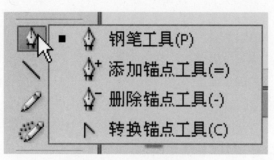

图2-2-29　钢笔工具附加栏

利用这几个工具可以直接对已画完的线段进行再次编辑，目前用"钢笔工具"进行的都是线段的绘制，那么要想对绘制对象进行填充，就需要在最后一次节点单击时与第一个单击节点相连接，就可以完成一个封闭区间，并进行填充颜色即可。

下面来看一下，在Flash软件中如何将一个位图转换为矢量图。说到位图，有些读者可能还没有分清位图和矢量图的关系，先来普及一下位图与矢量图区别，再开始进行学习。

矢量图

矢量图又叫向量图，是用一系列计算机指令来描述和记录一幅图，一幅图可以理解为一系列由点、线、面等组成的子图，它所记录的是对象的几何形状、线条粗细和色彩等。生成的矢量图文件存储量很小，特别适用于文字设计、图案设计、版式设计、标志设计、计算机辅助设计（CAD）、工艺美术设计、插图绘制等。

矢量图只能表示有规律的线条组成的图形，如工程图、三维造型或艺术字等；对于由无规律的像素点组成的图像（风景、人物、山水），难以用数学形式表达，不宜使用矢量图格式；其次矢量图不容易制作色彩丰富的图像，绘制的图像不很真实，并且在不同的软件之间交换数据也不太方便。

另外，矢量图像无法通过扫描获得，它们主要是依靠设计软件生成。矢量绘图程序定义（像数学计算）角度、圆弧、面积以及与纸张相对的空间方向，包含赋予填充和轮廓特征性的线框。常见的矢量图处理软件有 CoreIDRAW、AutoCAD、Illustrator 和 FreeHand 等。

位图

位图又叫点阵图或像素图，计算机屏幕上的图是由屏幕上的发光点（即像素）构成的，每个点用二进制数据来描述其颜色与亮度等信息，这些点是离散的，类似于点阵。多个像素的色彩组合就形成了图像，称之为位图。

位图在放大到一定限度时会发现它是由一个个小方格组成的，这些小方格被称为像素点，像素点是图像中最小的图像元素。在处理位图图像时，所编辑的是像素而不是对象或形状，它的大小和质量取决于图像中的像素点的多少，每㎡中所含的像素越多，图像越清晰，颜色之间的混合也越平滑。计算机存储位图图像实际上是存储图像的各个像素的位置和颜色数据等信息，所以图像越清晰，像素越多，相应的存储容量也越大。

位图图像与矢量图像相比更容易模仿照片的真实效果。位图图像的主要优点在于表现力强、细腻、层次多、细节多，可以十分容易地模拟出像照片一样的真实效果。由于是对图像中的像素进行编辑，所以在对图像进行拉伸、放大或缩小等处理时，其清晰度和光滑度会受到影响。位图图像可以通过数字相机、扫描或其他设计软件生成。

位图图像，也称点阵图像或绘制图像，是由称作像素的单个点组成的。当放大位图时，可以看见构成图像的单个图片元素。扩大位图尺寸就是增大单个像素，会使线条和形状显得参差不齐。但是如果从稍远一点的位置观看，位图图像的颜色和形状又是连续的，这就是位图的特点。矢量图像，也称绘图图像，在数学上定义为一系列点与点之间的关系，矢量图可以任意放大或缩小而不会出现图像失真现象。

通过对以上知识点的学习，我们知道 Flash 软件可以导入位图，并把该图片转换为矢量图，具体操作如图 2-2-30 所示。

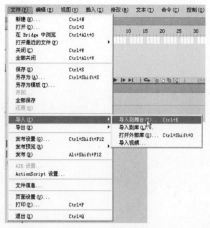

图2-2-30 导入设置

导入一个位图，并放置在舞台上，同时对其进行缩放。然后用鼠标单击选中该图片，选择菜单栏中 修改 — 位图 — 转换位图为矢量图，如图2-2-31 所示。

图2-2-31 转换设置

当选择转换位图为矢量图后，会弹出一个对话框。这个对话框就是对当前这个位图进行转化的参数设置窗口，如图 2-2-32 所示。这里需要进行调节的是红色框选的这两个参数，当然这两个参数只是对位图进行简易处理。

图2-2-32 转换参数设置

最后对转换完成的图片可以进行再次编辑，或者更改颜色。

再来看一下对齐工具，对齐工具在制作一些严格规范的效果图时经常会被用到。首先在舞台上绘制出 3 个图形，如图 2-2-33 所示，然后选择这三个图形，并选择对齐命令。

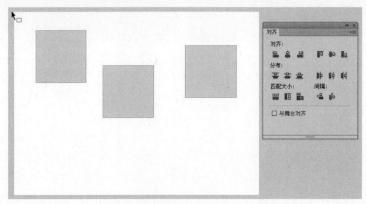

图2-2-33　转换参数设置

在右边可以看到对齐工具栏，对齐工具栏为用户提供了很多对齐方式，同时在最下边还提供了相对舞台对齐选项。

在制作过程中，有的时候我们需要把几样东西统一移动，如果单个移动就不太方便。那么就需要对做完的东西或是想移动的东西进行打组，这样便于移动。只需要把想要组合的图形选中，然后使用快捷键"Ctrl"＋"G"就等于对当前所选物体进行整合组合，当然也可以使用"菜单栏—修改—组合"，如图 2-2-34 所示。

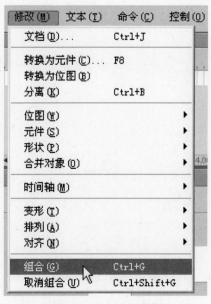

图2-2-34　组合设置

有了组合，还要有取消组合，它的命令就在组合命令的下方。快捷键是

"Ctrl+""Shift"+"G"。

想要把当前图形进行缩放，就要使用"任意变形工具"，如图2-2-35所示。

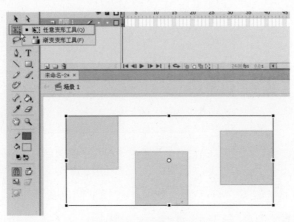

图2-2-35　任意变形工具

使用"任意变形工具"可以对当前选中的物体进行大小的调节，来看一下。首先看到使用"任意变形工具"以后，舞台上被选中的图形就有了一个黑色选框，这时可以把鼠标移动到它的四个角点位置上，拖动就可以直接进行缩放。如果想保持原有的比例不变，那就需要在进行缩放的同时按住键盘上"Shift"键，保证其比例一致。当我们把鼠标放置在每两个黑色点中间的位置时，就会形成一个双横线，这时表示可以把当前图形进行水平拉伸变形，如图2-2-36所示。

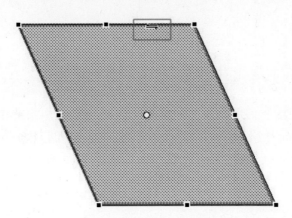

图2-2-36　任意变形工具

除了以上这些功能以外，还可以使用"任意变形工具"对该图形进行旋转。只需要把箭头放置在四个角点的附近，就会发现鼠标指针变成曲线状态，这表示当前可以对这个图形进行旋转，如图2-2-37所示。

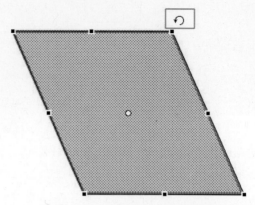

图2-2-37 任意变形工具旋转功能

为了能有更好的编辑模式，还可以对对象图形进行封套处理，进行封套后，可以进行随意的形状改变。首先选择图形，选择"任意变形工具"后，看一下工具栏最下边的图标，如图 2-2-38 所示。这个就是封套工具，当进行封套处理后，就可以在黑色的点上随意进行挪动和处理了。

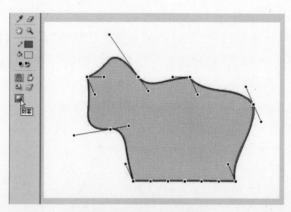

图2-2-38 封套功能

如果想要把绘制好的物体进行复制，可以直接使用快捷键来执行。使用"Ctrl"+"C"进行复制，再使用"Ctrl"+"V"进行粘贴，就完成了复制。同时也可以先选中我们要复制的图形，然后按住键盘上的"Alt"键，就可以拖拽出一个复制对象。

以上这些是在 Flash 里经常能够用到的工具及使用效率较高的制作方法。其实在 Flash 软件中还有一些工具，这些工具相对于绘制和动画制作不是较为常用的，所以有的工具会在后边的案例涉及时进行讲解。

2.2.2 案例：铅笔工具用途及演示

铅笔工具在上一个小节已经有一些介绍，那么这一小节来利用铅笔工具绘制一些实际案例。这里提示一下：铅笔工具在很多情况下不会直接用鼠标来进行操作绘制，而是配合手绘板来进行道具及动画绘制。为了能够展现出较好的效果，这里也介绍使用手绘板来配合铅笔工具进行绘制的方法，较为方便。

首先在 Flash 软件中新建文档，然后选择铅笔工具。选择后对应看一下铅笔工具属性栏，对铅笔工具属性进行一些调节，如图 2-2-39 所示。这里把笔触设置为 1.50，主要是为了方便观看，颜色设置为黑色，同时还要注意把铅笔工具调成平滑模式。

图2-2-39 属性设置

然后开始在舞台上进行绘制，绘制的时候要尽量调整好笔触和笔触之间的连接部分。首先开始绘制出一个角色头部，画出一个圆形，如图 2-2-40 所示。

图2-2-40 头部绘制

接下来，由头部开始绘制出中心线，完成角色头部角度辅助线的绘制，如图 2-2-41 所示。

图2-2-41 头部绘制

再根据辅助线把角色的下巴及角色耳朵绘制出来,如图 2-2-42 所示。多余的线条可以利用橡皮擦工具删除擦掉。

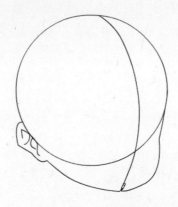

图2-2-42 头部绘制

整理好角色头部五官比例位置,便于进行以后的绘制,如图 2-2-43 所示。

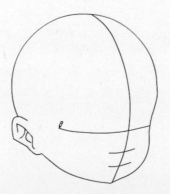

图2-2-43 头部绘制

绘制出角色大致的身体及动势,如图 2-2-44 所示。

图2-2-44 身体及动势绘制

整理身体多余部分及线条，如图 2-2-45 所示。

图2-2-45　五官绘制

绘制出角色五官，如图 2-2-46 所示。

图2-2-46　头部绘制

为角色添加头发、衣服和配饰，如图 2-2-47 所示。

图2-2-47　服饰及头发绘制

利用"油漆桶"工具对角色进行色彩填充，提示：在进行色彩填充时，要尽量考虑到角色的色彩分配，不要上过于纯的颜色，也不要使用过于暗的色调。尽量把握一下角色整体风格走向，如图 2-2-48 所示。

图2-2-48　填充颜色

为角色整体添加高光、阴影、衣服褶皱光影，如图 2-2-49 所示。

图2-2-49　光影绘制

　　当把角色绘制到这个步骤时，还没有真正完成角色的一个最完美状态。我们要把整个角色选中，然后按键盘上"F8"，把当前图形转换为影片剪辑元件，如图 2-2-50 所示。

图2-2-50 转换为影片剪辑元件

　　然后我们把当前这个角色进行复制，再粘贴到原来的位置，用快捷键
"Ctrl" + "C"复制，"Ctrl" + "V"粘贴。然后单击一下这个后复制出来的角色，
对应看一下其属性栏，如图 2-2-51 所示。

图2-2-51 最终效果

　　最后让大家一起来看一下这个效果，通过这样的绘制方式，可以绘制出很多
道具及角色造型。

坦克绘制实例：首先我们先看一下整体效果，分析一下坦克道具的组成部分。提示：对于初学者，最好先分析一下自己要设计的物品。不要盲目地绘制，要先想后画。更重要的是要知道这个道具以后在镜头中会如何使用，如图2-2-52所示。

图2-2-52　坦克效果图

把这辆坦克事先分解开，分析一下绘制这辆坦克都需要哪些部分。提示：本小节所绘制的坦克会涉及一个新的知识点——"组"，以下这些部分都是由"组"组成的，从图例可以看出，绘制这样一辆Q版的坦克大致需要5个主要部分，当然个人绘制也可以适当增减物件，如图2-2-53所示。

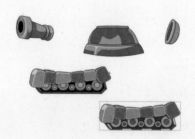

图2-2-53　坦克分解图

从这步开始，我们将进入坦克绘制阶段，先来绘制坦克的主炮塔，也就是整个坦克的核心部分，如图2-2-54所示。

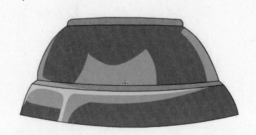

图2-2-54　坦克分解图

这个步骤的绘制相对简单，可以利用铅笔工具配合手绘板或者直接利用直线工具画出炮塔的外轮廓线,炮塔轮廓线的粗细可以适当选择,这里选择的粗细为一的实线。提示:注意让线条封闭或交叉,再删去多余的线段,如图 2-2-55 所示。

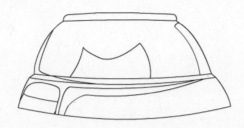

图2-2-55　坦克分解图

利用油漆桶工具对坦克炮塔进行颜色填充,提示:填色时,注意区分色彩的亮面与暗面,不要所有地方都同上一个颜色,这样可使炮塔看起来更有质感,如图 2-2-56 所示。

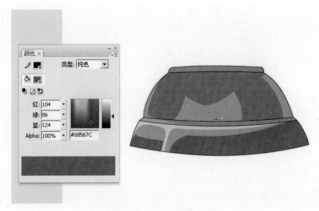

图2-2-56　坦克上色

当颜色上完以后,利用选择工具全选已经画完的炮塔,然后按键盘的"Ctrl"+"G"打组,这样就形成了一个单独的组。提示:组的形式很方便,要修改这个组的形状和颜色,只需要双击要改的物体,修改完之后双击空白处就可以了,如图 2-2-57 所示。

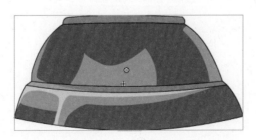

图2-2-57　坦克上色

下面开始绘制坦克的其他几个部分，它们的绘制方法和上一步很相似。先利用"铅笔工具"或者"直线工具"进行外轮廓的绘制，绘制时，尽量要细致一些，如图 2-2-58 所示。

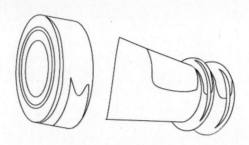

图2-2-58　绘制炮筒

利用"油漆桶工具"进行上色，上色以后全选，打组并组合在一起，如图 2-2-59 所示。

图2-2-59　绘制炮筒

然后开始绘制坦克炮塔上边的盖子，其绘制方法和炮筒相似。先利用铅笔工具或直线工具绘制出外轮廓，如图 2-2-60 所示。

图2-2-60 绘制炮筒

上色完成后，进行打组，如图 2-2-61 所示。

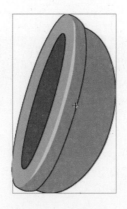

图2-2-61　绘制炮筒

下面开始绘制坦克的车轮部分和坦克的护甲，先看一下坦克的护甲，为了掌握设计的技巧，我们把护甲也做了细分，把坦克的护甲也分成了三个组分别绘制，如图 2-2-62 所示。

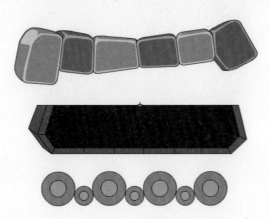

图2-2-62　绘制车轮

先绘制上图中间的部分，也就是车轮的底部，同样使用直线工具进行绘制，如图 2-2-63 所示。

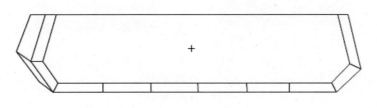

图2-2-63　绘制车轮

利用油漆桶工具进行上色，然后对其进行组合，如图2-2-64所示。

图2-2-64 绘制车轮

利用相同的方法，先后绘制出坦克的车轮和坦克的护甲，并分别组合，如图2-2-65所示。

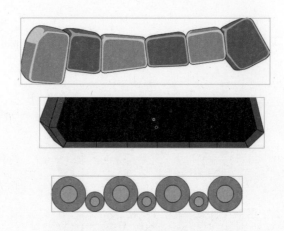

图2-2-65 绘制车轮

然后把这三个组再复制出一套，并对车轮和车轮背景进行修改。提示：打组后想要进行修改，利用鼠标选择"选择工具"，双击要修改的组，进入该组的内部，就可以进行修改。修改完后可双击空白处退回，如图2-2-66所示。

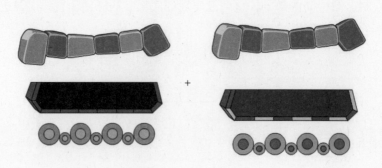

图2-2-66 绘制车轮

先把左边的一套全选，并进行打组。再把右边的一套也选中，进行打组，如图2-2-67所示。

图2-2-67 组合成轮

　　都完成之后就可以把这些打成组的元素放在一起进行位置组合，但是当我们组合的时候，有时候会发现一个组元素在另一个组元素的下边不能提上来，这里会涉及另一个知识点，当组同时存在于同一个图层时，它们之间是可以进行上下层级的变化的，先选中需要变化的组，在上边右键单击"排列"。这样整个坦克就绘制完成了，如图2-2-68所示。

图2-2-68 合成车轮

再来进行下一个实例练习，菜刀面板绘制。

　　菜刀菜板的绘制风格属于手绘风格，它们的质感有着独特的魅力，有时候一些游戏场景恰恰就需要这样风格的道具。先看一下整个刀和菜板的质感，如图2-2-69所示。

图2-2-69 车轮

首先来绘制一下菜板，菜板的绘制分为两个阶段，第一阶段是利用"直线工具"把外轮廓勾画出来，第二个阶段是利用"刷子工具"在填好色的菜板上进行手绘。先来绘制菜板的外轮廓和固有色，如图 2-2-70 所示。

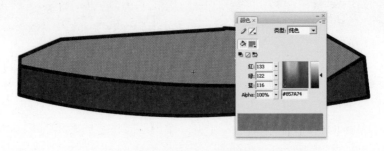

图2-2-70　菜板绘制

利用"笔刷工具"，调节好笔刷的粗细和颜色，在菜板上进行相应的绘制，如图 2-2-71 所示。

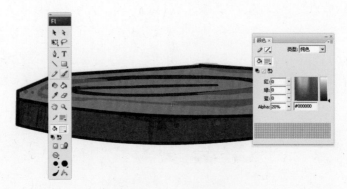

图2-2-71　菜板绘制

把绘制完的菜板全选，并进行打组，如图 2-2-72 所示。

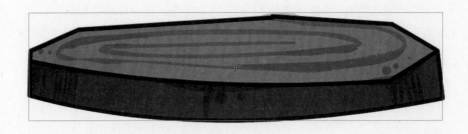

图2-2-72　菜板打组

下面开始绘制菜刀部分，绘制菜刀要注意观察菜刀的质感。要表现出刀的质感就要在刀的光泽上做处理。先看一下效果，如图 2-2-73 所示。

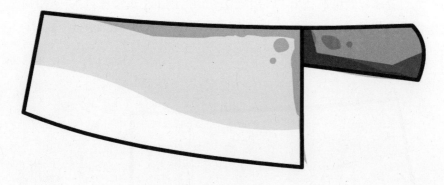

图2-2-73　菜刀

首先绘制刀身部分，利用直线工具来绘制它的外轮廓，同时在其内部绘制出一条曲线当作光泽线，如图2-2-74所示。

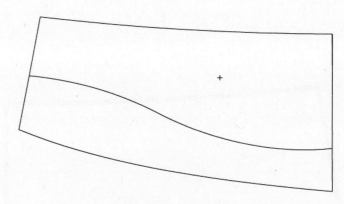

图2-2-74　菜刀绘制

为了让菜刀更有手绘的效果，把外轮廓线调成较为粗一些的线条，如图2-2-75所示。

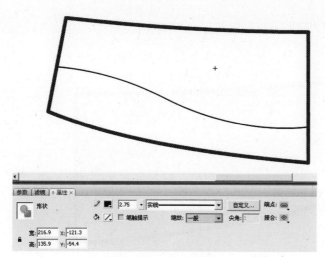

图2-2-75　菜刀绘制

为刀身添加颜色，利用"油漆桶"进行上色。上边添加较浅一些的蓝色，下边添加白色。提示：初学者往往对于白色选择不填充，表面上看没有什么不同，但在道具后边添置物品或其他东西就会被看穿，如图 2-2-76 所示。

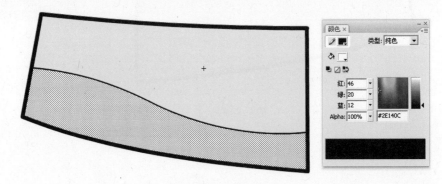

图2-2-76 菜刀上色

然后利用"选择工具"选中刀身中间的线条，并删除，如图 2-2-77 所示。

图2-2-77 菜刀完成

下面利用"笔刷工具"对刀身进行细致刻画，如图 2-2-78 所示。

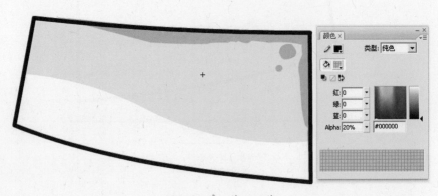

图2-2-78 菜刀细节

把画好的刀身全选，并组合，如图 2-2-79 所示。

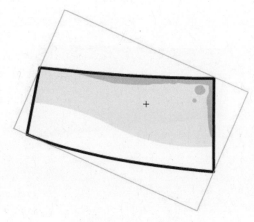

图2-2-79　细节

下一步开始绘制刀柄，刀柄的绘制方法也是先利用直线工具画出轮廓，如图 2-2-80 所示。

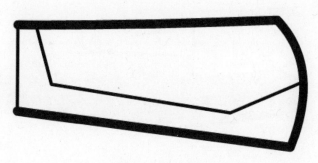

图2-2-80　细节

再利用"油漆桶工具"进行填色，如图 2-2-81 所示。

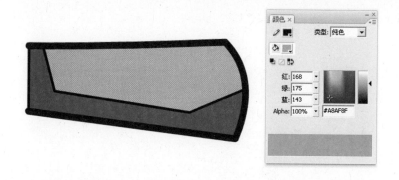

图2-2-81　上色

利用"选择工具"把多余的线条去掉，并在上边利用"笔刷工具"画一些细节，最后打组，如图 2-2-82 所示。

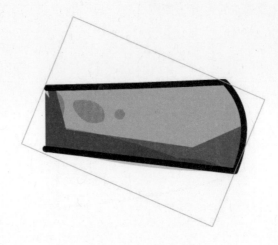

图2-2-82 添加细节

最后把刀柄和刀身两个部分调节大小到合适的位置，全选打组，合成一把菜刀，把菜刀和菜板组合起来，摆放到合适的位置上，如图 2-2-83 所示。

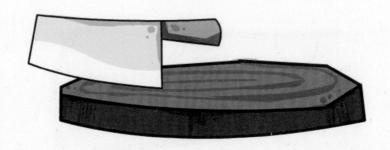

图2-2-83 完成

下面这个案例是绘制室内场景，绘制场景指的是相对封闭的空间，它不仅仅指房屋的内部，还包括汽车驾驶室、飞机、飞船的机舱内部、洞窟、墓室等。客厅就是属于室内场景之一，如图 2-2-84 所示。

图2-2-84 完成效果

分析场景，在绘制 Flash 场景时，应先了解场景的基本透视。首先从案例来看，属于一点透视，那么在绘制时就要考虑一点透视的基本知识。然后就可以开始进行绘制了，如图 2-2-85 所示。

图2-2-85　透视

新建 Flash 文档，先利用工具栏的"直线工具"画出房间的大致轮廓。提示：直线要封闭区间，避免有漏洞，如图 2-2-86 所示。

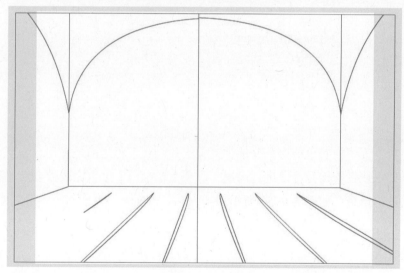

图2-2-86　起稿

然后利用"油漆桶工具"进行背景填色，如图 2-2-87 所示。

图2-2-87　起稿上色

　　新建一层，起名为"物品"。然后用绘制道具的方法绘制沙发和书柜等物品，如图 2-2-88 所示。

图2-2-88　道具绘制

　　上色，为了使颜色能够更好地为镜头服务，在上色之前最好先看一下本场景的具体要求或者直接和导演进行沟通，以免上错颜色。上色完成后要及时删除区分明暗的阴影线，如图 2-2-89 所示。

图2-2-89　道具绘制上色

把绘制好的道具一一进行打组，让每个道具都单独形成一个组，如图2-2-90所示。

图2-2-90　道具绘制上色

室外场景范围是建筑室内及其封闭空间之外的场景景象。例如，房屋外面的造型、乡村小路、原始森林、城市街道、沙漠、大海等。本小节以室外的别墅为例，介绍室外相关物品的绘制。

新建 Flash 文件，然后进行分析。本节的场景为一点透视场景，所以在构图时先要进行透视构图，如图 2-2-91 所示。

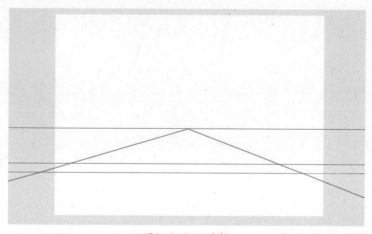

图2-2-91　透视

接下来进行场景绘制，绘制时可以选择由远及近的绘制方法，当然也可以采用由近及远的绘制手法。首先我们绘制最远的场景，新建一层，起名为远处背景。然后用"直线工具"绘制出轮廓，并利用"油漆桶工具"和"渐变工具"进行颜色填充。绘制出蓝天、地以及马路中间的石阶，并分别打组，如图 2-2-92 所示。

图2-2-92 上色

　　利用"直线工具"或者"铅笔工具"绘制出云彩的轮廓，并利用"油漆桶工具"对其进行上色，云彩不要直接使用纯白色，适当可增加渐变色彩，如图2-2-93所示。

图2-2-93 云朵绘制

　　下面开始绘制小草，绘制小草不需要全部画出来，只需要先画出几个单独的小草的样式，然后把小草进行复制打组，这样就能形成连片的小草了。提示：绘制的小草也不要过于雷同，这样会导致画面的死板，如图2-2-94所示。

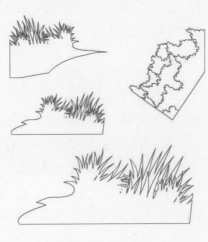

图2-2-94 草绘制

利用"直线工具"开始绘制主体别墅轮廓，在绘制时，可以分成三个部分，一个是别墅主体部分，一个是前边的木栅栏部分，另一个是别墅上面三个阁楼部分。先绘制主体建筑和木栅栏部分。提示：绘制的时候，把阴影线一并带出来，如图 2-2-95 所示。

图2-2-95　房屋绘制

用油漆桶工具进行上色，并打组备用，如图 2-2-96 所示。

图2-2-96　房屋上色

开始绘制别墅上方的阁楼，阁楼只需要绘制出一个就好，并进行打组，另外两个进行复制、粘贴。下面是绘制步骤，如图 2-2-97 所示。

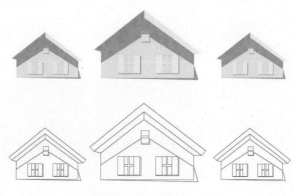

图2-2-97　房屋上色

把绘制好的所有的组利用"任意变形工具"调整到合适的大小和位置，如图2-2-98 所示。

图2-2-98　房屋完整效果

整体位置调整好以后，整个别墅的大体效果就可以告一段落，下面需要丰富整个场景的中下部，地面部分。地面略显空洞，所以开始对地面添加树影和地面质感。利用"铅笔工具"或"直线工具"绘制出树荫的大体轮廓，并利用"渐变工具"对其进行添加线性透明渐变，最后把两个树荫进行单独打组备用，如图2-2-99 所示。

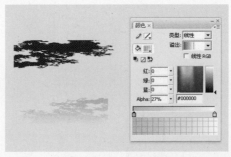

图2-2-99　阴影效果

在对应地面的轮廓利用"直线工具"单独绘制出一个轮廓线，并用"油漆桶工具"和"渐变工具"为其添加渐变颜色，并打组，如图 2-2-100 所示。

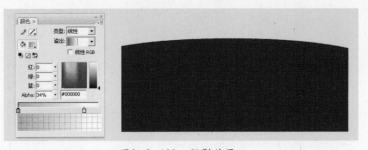

图2-2-100　阴影效果

最后看一下合成后的效果，如图2-2-101所示。

图2-2-101　完成效果

　　除了室内外场景绘制，还有季节性场景绘制，这些场景是在日常设计中经常遇见的。下面通过几个案例来完成季节场景学习。

春天场景绘制

　　春天是一个万物复苏的季节，从颜色上分析多以绿色为主，在设计时应结合春天的特色，这小节案例为绘制春天森林的场景。下面这个案例就是以春天的色彩关系来绘制，如图2-2-102所示。

图2-2-102　春天效果

　　分析场景，在绘制Flash动画场景时，首先考虑春天的具体特征，然后开始对背景进行构图，设定大致的位置。本节为了表现春天大自然的广阔，在构图上要进行夸张的构图，如图2-2-103所示。

图2-2-103　透视效果

　　为了能够很好地绘制，我们把绘制分为几个层次，前边提到绘制场景都要有一个顺序，本小节的场景使用的还是由远及近的绘制方式。首先要以场景的天空作为整个场景的最远端。先开始绘制远端天空及白云，利用"直线工具"绘制出天空大致的大小，然后利用墨水瓶工具和渐变工具对其进行上色，并打组。提示：表现大自然春天的气息，可使用色彩较为鲜明的色彩，如图2-2-104所示。

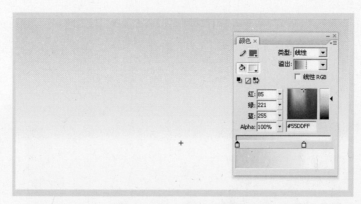

图2-2-104　添加天空颜色

　　蓝天已经绘制完成，下面需要绘制白云，白云绘制比较简单，但是白云的用途比较多，不仅可以应用在自然场景，还可以应用在其他的城市场景。这里为了表现天地广阔，会绘制两种样式的云，一种是面积较大的白云，连成一片。另一种是单独的云朵。先开始绘制连片的云朵，使用"铅笔工具"或"笔刷工具"绘制出云朵的样子，然后利用"油漆桶工具"进行上色，并打组。提示：在绘制过程中，云彩也有细腻的颜色变化，可使用线性渐变为云朵添加丰富的色彩关系，但颜色不要过多，一般情况下只使用相同色相的透明度变化作为变化点，如图2-2-105所示。

图2-2-105　绘制云朵

利用"铅笔工具"绘制出一个单独云朵的轮廓，然后利用"油漆桶工具"进行颜色填充，如图 2-2-106 所示。

图2-2-106　绘制云朵

填色后把边缘线去掉，并打组，为了让天空云朵摆放合理，把刚刚绘制好的云朵再次复制出一个，并进行水平翻转，如图 2-2-107 所示。

图2-2-107　绘制云朵

下面开始绘制前边的森林，利用"铅笔工具"绘制出相应的轮廓线，绘制时，最好一个一个绘制，然后利用"油漆桶工具"进行上色。提示：为了使构图合理，这里绘制树林时特意绘制出模拟广角相机的感觉，这样效果较好，如图2-2-108所示。

图2-2-108　绘制森林

对其进行上色，打组。然后可以按照这个绘制方法再绘制出一个相反方向的森林。提示：上色时要注意色彩关系，近处的色彩可使用较为鲜明的色彩，越远处色彩越灰，同时上色时不要使用过多色相的绿色，尽量使用同一色相的绿色，进行明度、纯度的变化，如图2-2-109所示。

图2-2-109　绘制森林上色

远处的森林已经有了，但还缺少近处的树木，因此再来绘制出几棵近景的树作为参考。用"铅笔工具"绘制出外轮廓，然后利用油漆桶工具进行填色，如图2-2-110所示。

图2-2-110　绘制树木

最后把树木"Ctrl"＋"G"打组备用，如图2-2-111所示。

图2-2-111　绘制树木上色

　　下面开始绘制近景的地面，同样利用"直线工具"绘制出地面的大体轮廓，并利用"油漆桶工具"和"渐变工具"进行上色打组。提示：因为上文提到整个构图采用模拟广角视角，所以在这里地面的构图也尽量有一定的弧度设计，如图2-2-112所示。

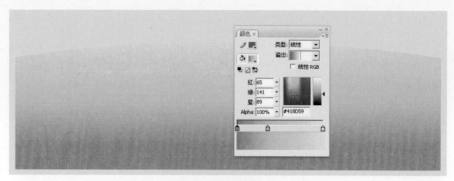

图2-2-112 绘制草地

对地面进行细节丰富，利用"铅笔工具"绘制出一些小草，然后进行复制、粘贴，利用"任意变形工具"进行缩放摆到合适的位置。提示：采用近大远小的透视原理进行摆放。同时摆放好后，还可以随意再画上几笔，这样可以打破画面的单调，如图2-2-113所示。

图2-2-113 绘制草地

把这些草也全选，然后打组，放在画面合适的位置，如图2-2-114所示。

图2-2-114 草地对位

最后根据构图的要求，把绘制好的组都利用"任意变形工具"摆放在合适位置。提示：如果发现有的组和组之间即在同一层，上下遮挡的顺序也不恰当，可以使用右键排列的方法来调换遮挡顺序，如图2-2-115所示。

图2-2-115　调整对位

调整完成后全选所有组，再一次打组。提示：这样做是为了日后做动画需要，也更适合场景修改的需要。提示：当然也可以全选组，并把它们转化为图形元件，方便以后使用，如图 2-2-116 所示。

图2-2-116　完整效果

夏天绘制

夏天的绘制最主要的是选择具有夏天特点的内容为素材，本节选用的是夏天郊外的景色为案例参考，本案例主要特色是讲解中包括森林和郊外色彩的统一和分布，如图 2-2-117 所示。

图2-2-117 完整效果

分析场景，本场景在画之前也进行了透视规划，如图 2-2-118 所示。

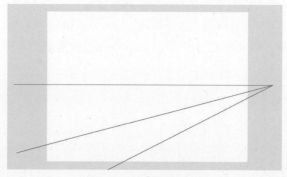

图2-2-118 透视效果

首先利用"直线工具"在整个画面绘制出背景天空和地面的基本轮廓，画的时候可以参考一些真实图片。提示：在构图时，要绘制整个天空和地面，初学者经常看到被遮挡的地方不绘制，这样做在绘制时间上可能会减少一些，但是这样会对以后制作动画产生麻烦，如图 2-2-119 所示。

图2-2-119 绘制线稿

接下来用"油漆桶工具"进行上色，并打组。地面上色可以大致用一些绿色，但是色彩别太纯。天空可以利用"渐变工具"填一个蓝白的渐变色作为背景铺垫，云朵也可以添加一些渐变色彩，如图 2-2-120 所示。

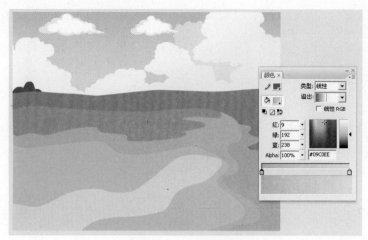

图2-2-120　填充颜色

接下来新建一个图层，在这个图层上绘制场景中的树木。绘制树木时，可以先绘制出一个基本树木的造型，然后可以进行打组复制，或者在基础造型上再进行修改。地面上的草丛也可以用这样的方法来绘制。利用"直线工具"或"铅笔工具"进行绘制，如图 2-2-121 所示。

图2-2-121　绘制树木

然后对其进行色彩填充，通过上面的方法可以再新建几个图层，把画好的树和草丛复制到新建的图层，进行细微的修改。按照此方法可以做出较好的树木林和草丛堆，如图 2-2-122 所示。

图2-2-122 绘制树木上色

把树林背景绘制好后，开始绘制前景的道具。新建一个图层，利用"直线工具"绘制出木栅栏轮廓，并进行打组。提示：木栅栏绘制相对较难，要有一定耐心，同时要注意一下整个构图的透视，符合整体透视要求，如图2-2-123所示。

图2-2-123 绘制栅栏

然后利用"油漆桶工具"进行填色。提示：填色时，要注意符合色彩关系，同时还要注意色彩的明暗关系，不要使用同一个颜色使用到底，如图2-2-124所示。

图2-2-124 绘制栅栏上色

再新建一个图层，用鼠标拖拽到木栅栏图层的下方，利用"笔刷工具"进行绘制木栅栏的阴影，如图 2-2-125 所示。

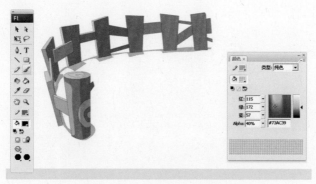

图2-2-125　绘制栅栏阴影

新建一个图层，根据个人需要在这个图层上绘制一些带有装饰感的小花，如图 2-2-126 所示。

图2-2-126　绘制花

再新建一个图层，主要是用来设计绘制整个场景的主体中心物体，小木屋的设计参考了一些网络游戏中原画的设计风格和造型，同时考虑到整个画面的透视。同样还是利用"直线工具"进行绘制，如图 2-2-127 所示。

图2-2-127　绘制木屋

对小木屋进行上色。提示：小木屋后边应带有一些木栅栏，使木栅栏形成包围小木屋的状态，如图2-2-128 所示。

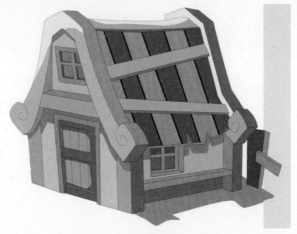

图2-2-128　绘制木屋上色

接下来，开始绘制近景的木栅栏和近景的一些花草。同样利用"直线工具"绘制出木栅栏的大体轮廓，要保证木栅栏的透视关系，如图2-2-129 所示。

图2-2-129　绘制栅栏

利用"油漆桶工具"进行填色，并打组。提示：这组木栅栏因为是靠近近景的，所以在色彩设计上要较远端的木栅栏色彩明亮，从色彩的明度上区分远近景，如图2-2-130 所示。

图2-2-130　绘制栅栏上色

再单独绘制出几个草丛，并打组。也可以把之前绘制好的草丛复制出几个放在这里，增添环境氛围，如图 2-2-131 所示。

图2-2-131 绘制栅栏草丛

为了丰富细节，把木栅栏的阴影等添加上，同时添加一些花草之类的植物或者小道具之类的物体，如图 2-2-132 所示。

图2-2-132 添加阴影

最后进行位置的对位和调节，如图 2-2-133 所示。

图2-2-133 完整效果调整

2.2.3　图形编辑工具

图形编辑工具主要指的就是利用一些常规工具，这些常规工具在日常使用中具有基础性作用。让我们一起来认识一下这些基础工具。

先来看一下线条工具，也就是直线工具及其编辑方法。

直线工具位于工具栏里，如图 2-2-134 所示。

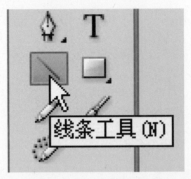

图2-2-134　直线工具位置

当我们选择直线工具后，先要看一下其属性栏，如图 2-2-135 所示。属性栏里提供了很多种直线属性。

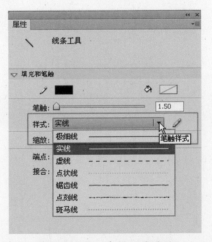

图2-2-135　直线工具属性

有了这些属性，可以使直线工具绘制出更多的线条风格。最主要学习的还是线条工具的另外一个属性，即当我们把鼠标放置在线条附近时，可以把当前线条调整成曲线模式，如图 2-2-136 所示。

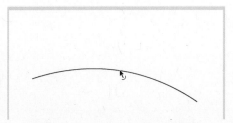

图2-2-136　直线工具曲线模式

有了这个特点，可以更好地利用直线来进行各种物体的绘制。

渐变工具，其实在实际操作时是没有渐变工具的，但是可以通过在颜色面板里进行设置来完成，如图 2-2-137 所示。选中颜色面板中的红色对话框位置，可以看到几种不同样式的渐变模式。

图2-2-137　渐变属性

调整好后利用"矩形工具"来绘制出一个带有渐变的图形，如图 2-2-138 所示。

图2-2-138　渐变图形

然后选中该图形，再看一下渐变栏，就会发现渐变栏里可以直接进行颜色调节，如图2-2-139所示。

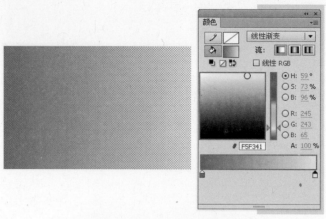

图2-2-139　渐变属性调节

我们发现在渐变属性栏最下方有一条渐变预览条，可以使用鼠标在上边单击来增加渐变颜色。反之，如果想删除其中某一个色点，那就利用鼠标左键直接按住该色点向下拉动即可取消，如图2-2-140所示。

图2-2-140　渐变属性增减色

除了可以为渐变添加颜色以外，还可以利用"渐变变形工具"为渐变改变方向、范围等属性。"渐变变形工具"在工具栏的"任意变形工具"中隐藏，需要按住鼠标左键，就可以看到其所在位置，如图2-2-141所示。

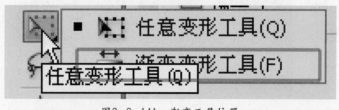

图2-2-141　渐变工具位置

渐变变形工具有几个地方可以用来调节，分别有一个圆形中心点、一个圆环（位于图形的右上角）和一个箭头。中心圆点负责调节整个渐变的位置；右上角圆环负责调节渐变的方向；最后的箭头负责调节渐变的范围，如图 2-2-142 所示。

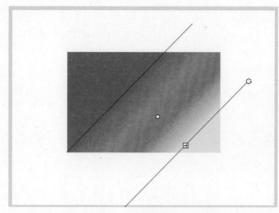

图2-2-142　渐变变形工具属性

以上这两个都是图形编辑工具，有了这两个专门的图形编辑工具，以后很多设计在绘制的时候就简单很多。

2.3　文本工具

文本是 Flash 动画中重要的组成元素之一，可以起到帮助影片表述内容以及美化影片的作用，Flash CS6 对文本工具进行了很大的改变和加强，在丰富原有传统文本模式的基础上，又新增了 TLF 文本模式，使用户更有效地加强对文本的控制。文本工具对于日后动画、广告、字幕制作等都有着一定帮助。

2.3.1　文本类型

用户可以使用工具面板中的"文本工具"来创建文本对象。在创建文本对象之前，首先还需要明确所使用的文本类型，然后通过"文本工具"创建对应的文本框，从而实现不同类型的文本对象的创建方法。在这里可以看到文本类型有传统文本和 TLF 文本。

使用文本工具可以创建多种类型的文本。从 Flash CS5 开始，除了传统地文本模式以外，如图 2-3-1 所示。还增添了 TLF 文本模式，在 Flash CS6 中，TLF文本支持更多丰富的文本布局以及对文本属性有更精密的控制。

图2-3-1　传统文本属性

除了传统文本属性外，还可以找到 TLF 文本属性，如图 2-3-2 所示。

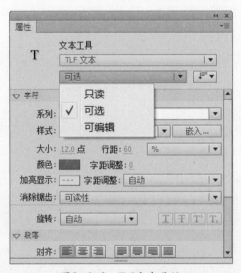

图2-3-2　TLF文本属性

传统文本是 Flash 的基础文本模式，它在图文制作方面发挥着重要的作用。传统文本类型可分为静态文本、动态文本、输入文本 3 种，这三种文本有着不同的作用和特点。

TLF 文本的出现，使得 Flash 在文字排版方面的功能大大加强。要创建 TLF 文本，可以在工具面板上选中"文本工具"，在其属性面板中选择"TLF 文本"选项，即可在舞台上创建 TLF 文本了。

在"属性"面板的"字符"选项卡中，可以设置选定"文本字符"的字体、字体大小和颜色等，如图 2-3-3 所示。

图2-3-3　TLF文本属性

　　有时 Flash 中的文字会显得模糊不清，这往往是由于创建的文本较小从而无法清楚显示的缘故，在"文本属性面板"中通过对文本锯齿的设置优化，可以很好地解决这个问题，如图 2-3-4 所示。

图2-3-4　文本属性

　　当选择"自定义消除锯齿"一项后，会弹出一个指定的对话框，这个就是参数设定，如图 2-3-5 所示。

在 Flash CS6 中，可以将静态或动态的水平文本链接到 URL，从而在单击该文本的时候，可以跳转到其他文件、网页或电子邮件。其制作方法也比较简单，首先在舞台输入文字，然后查看其属性栏，如图 2-3-6 所示。

图2-3-6　连接属性

使用 TLF 文本，可以在多个文本框里进行串接流动，只要所有串接的文本框都位于同一个时间轴内，该功能无法适用于传统文本框。

2.3.2　文本分离

用户在选中需要编辑的 Flash 文本后，可以对创建的文本进行分离、变形以及添加滤镜等操作，对 Flash 文本进行更进一步的加工，为 Flash 动画添加丰富多彩的文本效果等。在下边学习过程中，将学习以下几个内容：选择文本、分离文本、变形文本、文本添加滤镜效果。

编辑 Flash 文本或更改文本属性时，必须先选中要编辑的文本。在工具箱中选择文本工具后，可进行如下操作选择所需的文本对象。选中 Flash 文本后，选择"菜单栏"—"修改"—"分离"命令将文本分离 1 次可以使其中的文字成为单个的字符，分离 2 次可以使其成为填充图形，如图 2-3-7 所示。

图2-3-7　分离字体

将文本分离为填充图形后，可以非常方便地改变文字的形状。要改变分离后文本的形状，可以使用工具面板中的"选择工具"或"部分选取工具"等，进行各种变形操作。

在 Flash CS6 中，包括 TLF 文本和传统文本在内的所有的文本模式都可以添加滤镜效果，该项操作主要通过属性面板中的滤镜选项组完成，如图 2-3-8 所示。

图2-3-8　字体滤镜

以上这些内容是关于文本字体的一些讲解，只有不断地学习和使用这些字体的特性和功能，才能制作出非常出色的特效。

2.3.3　案例：绘制卡通角色

本小节会根据真正动画的需要进行角色的前期绘制，完成这样的绘制后，就能进行动画部分的制作了，先看一下角色整体效果，如图 2-3-9。

图2-3-9　角色整体效果

步骤 1：新建 Flash 文档，在舞台开始绘制。首先从图中可以看出这个角色是一个两头身的 Q 版角色，所以还是需要先在舞台上设定出大致的位置，便于绘制时得到基本比例的平衡。利用标尺工具进行定位，如图 2-3-10。

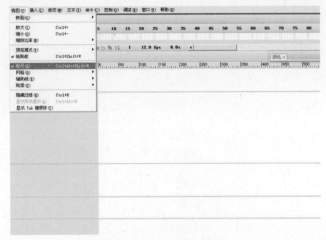

图2-3-10　辅助线设置

步骤2：开始绘制角色的头发部分，因为这个角色是要应用到动画中去的，所以在绘制设计中，进行了细致的分解绘制，为了使头发部分更为立体，把头发分成三个部分，由三个组来组成，如图 2-3-11。

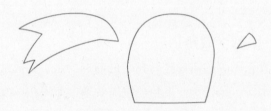

图2-3-11　头发绘制

步骤3：利用"油漆桶工具"进行颜色填充，并进行逐个打组，如图 2-3-12。

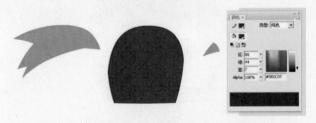

图2-3-12　头发绘制上色

步骤4：利用"直线工具"绘制脸部，如图 2-3-13。

图2-3-13　脸部绘制

步骤5：利用"油漆桶工具"进行色彩填充，同时改变角色脸部边缘线颜色。填好颜色后打组，如图2-3-14。

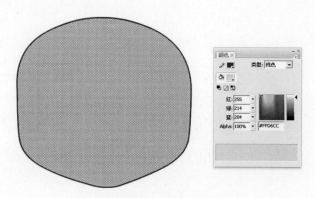

图2-3-14　脸部绘制上色

步骤6：绘制女孩的五官，绘制方法同样是先绘制眉毛、耳朵、鼻子、嘴和红脸蛋。利用"直线工具"先绘制出轮廓。提示：如果在绘制时，发现有对称物体，可以先绘制出一个，再进行复制，如图2-3-15。

图2-3-15　五官绘制

步骤7：用"油漆桶工具"进行颜色选取和填充。提示：这里绘制的嘴部使用先绘制轮廓，填充颜色，再删除部分边缘线的顺序，主要是为了让嘴部填充色彩后能够与脸部色彩合为一体，如图2-3-16。

图2-3-16　五官绘制上色

步骤 8：开始绘制角色的眼睛部分，设计角色眼睛部分时先考虑到，因为是Q 版角色的女孩形象，所以在眼睛的绘制上，尽可能地设计相对较圆，这样看起来更为可爱。同样，使用直线工具和椭圆工具来绘制，绘制好后把一个眼球进行打组，如图 2-3-17。

图2-3-17　眼睛绘制

步骤 9：头部设计完成后绘制身体部分，身体部分为了以后的动画使用，同样也要分成若干部分组，先来绘制身体的主体部分。身体部分可分为脖子、背带和身体，利用直线工具分别绘制这三个部分，如图 2-3-18。

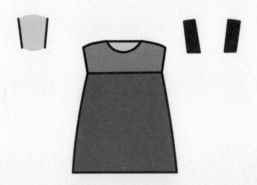

图2-3-18　身体绘制

步骤 10：绘制女孩的胳膊部分，绘制时，同样要遵循后期制作动画的基本原则。而且女孩的比例相对较短，所以在这里把女孩的胳膊分为三个部分，如图2-3-19。

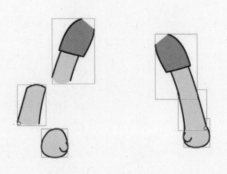

图2-3-19　胳膊绘制

步骤 11：这个步骤绘制女孩的腿部，女孩的腿部比一般女孩的腿部要短的很多，但也要分成两个关节，这样可以保证角色的后期动画部分。利用"直线工具"来绘制，"油漆桶工具"来填充颜色，如图 2-3-20。

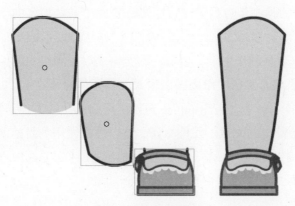

图2-3-20　腿部绘制

步骤 12：最后把每个部分组件组合在一起。提示：角色各个关节摆放位置要符合以后动画制作的需要，如图 2-3-21。

图2-3-21　合成

本章小结

本章节多以讲解 Flash CS6 基础知识为主，意在为以后的学习和设计奠定基础。本章节看似简单，而其中包含的内容与技术点却非常多。只有掌握了这些基础知识点，才能够在 Flash 设计道路上走的更远。

第 3 章　元件和库

Flash CS6 在动画制作过程中经常需要重复使用一些特定的动画元素，用户可以将这些元素转换为元件在制作动画时多次调用，便形成元件。元件在整个 Flash 软件操作和动画制作中十分重要，库面板是放置和组织元件的地方，在编辑 Flash 文档时常常需要在库面板中调用元件。元件是指在 Flash 中创建且保存在库中的图形、按钮或影片剪辑，可以自始至终在影片或其他影片中重复使用，是 Flash 动画中最基本的元素；元件的建立是以重复使用为目的的，不但可以将其应用于当前影片，而且可以将其应用于其他影片。在 Flash 中创建的所有元件都会出现在库面板中，拖拽库面板中的元件到场景，就可以反复利用元件，应用于影片的元件被称作"实例"。

3.1　Adobe Flash 元件介绍

元件在 Flash 动画制作过程中有着很好的实用性，每个元件都具有独立的时间轴、工作区和图层，除此以外，每种元件类型都具有独特的属性，只有了解三种元件类型的特性，才能使元件的作用得到充分地发挥，下面将针对这三种元件类型的特性做详细的介绍。

3.1.1 元件分类

在 Flash 软件中，一共包含三种元件类型，这三种类型的元件统称为元件，每一个类型有着自己的属性和名称。分别为图形元件、影片剪辑元件与按钮元件。元件中可以包含位图、图形、组合、声音甚至是其他元件，但不可以将元件置于其自身内部。

首先，大概了解一下每个元件的基础知识。

先来了解一下图形元件，图形元件主要用于定义静态的对象，它包括静态图形元件与动态图形元件两种。静态图形元件中一般只包含一个对象，在播放影片的过程中静态图形元件始终是静态的；动态图形元件中可以包含多个对象或一个对象的各种效果，在播放影片的过程中，动态图形元件可以是静态的，也可以是动态的。

第二种是按钮元件，通过绘制与鼠标事件相对应的对象，按钮元件主要用于创建响应鼠标事件的交互式按钮。鼠标事件包括"鼠标触及"与"单击"两种。将绘制的图形转换为按钮元件，在播放影片时，当鼠标靠近图形时，光标就会变成小手状态，为按钮元件添加脚本语言，即可实现影片的控制。

最后一种叫做影片剪辑元件，影片剪辑元件是 Flash 中应用最为广泛的元件类型，可以将它自身理解成为一个小动画。在影片剪辑元件中可以制作独立的影片，除了不能将元件置于其自身内部之外，制作影片的方法与在场景中没有区别。

了解了以上三种元件类型的制作特点，能够在今后的视频、动画制作中起到至关重要的作用。从实际使用来看，图形元件更多的是承担起动画片制作，无论是电影动画还是电视剧动画。而影片剪辑元件更适用于一些有特点的效果使用或者游戏类使用。按钮元件则最广泛应用在动画和视频互动，要想十分流畅地在这三种元件中来回切换使用，是需要一定实际案例操作和经验地积累，不可操之过急。

3.1.2 元件用法

三种元件在使用方法上有所差异，它们有相同点也有不同点。相同点在于几种元件都可以重复使用，且当需要对重复使用的元素进行修改时，只需编辑元件，而不必对所有该元件的实例一一进行修改，Flash 会根据修改的内容对所有该元件的实例进行更新。区别及应用中需注意的问题：第一点就是影片剪辑元件、按钮元件和图形元件最主要的差别在于影片剪辑元件和按钮元件的实例上都可以加入动作语句，图形元件的实例上则不能；第二点是影片剪辑里的关键帧上可以加入动作语句，按钮元件和图形元件则不能；第三点是影片剪辑元件的播放不受场景时间线长度的制约，它有元件自身独立的时间线；按钮元件独特的 4 帧时间线并不自动播放，而只是响应鼠标事件；图形元件的播放完全受制于场景时间线；第四点是影片剪辑元件在场景中敲回车测试时看不到实际播放效果，只能在各自的编辑环境中观看效果，而图形元件在场景中可适时观看，可以实现所见即所得的效果；第五点是三种元件在舞台上的实例都可以在属性面板中相互改变其行为，也可以相互交换实例；最后一点是影片剪辑中可以嵌入另一个影片剪辑，图形元件中也可以嵌入另一个图形元件，但是按钮元件中不能嵌入另一个按钮元件，三种元件可以相互嵌入。

3.1.3 元件创建

元件创建的方式有几种情况，这几种情况分别对应的制作步骤也有所区别。

首先先来看一下元件的创建方式。第一种方式选择"菜单栏"—"插入"—"新建元件",如图 3-1-1 所示。

图3-1-1 新建元件

单击后会出现一个对话框,如图 3-1-2 所示。出现这个对话框后就可以进行选择元件的类型和相应的命名了。在为元件命名的时候,要考虑到元件命名是否与我们这个元件里的东西对应,这一点很重要。因为到后期库里会存放大量的元件和音频等物品,如果随便为元件命名,到后边再想利用此元件时,查找就会相对麻烦。

图3-1-2 新建元件窗口

当点击"确定"后,会发现直接进入到元件内部,这时,会发现几个和元件有关的标志。第一个红框表示当前是影片剪辑元件,它的标志是一个小齿轮。左上角显示的是场景 —— 元件 1,则表示当前是在影片剪辑元件内部。中间的黑色十字表示为是这个影片剪辑元件的坐标原点,如图 3-1-3 所示。

图3-1-3 元件内部窗口

随便在这里画一个图形，当把图形画好后，我们需要单击左上角的"场景1"位置，这样才能保证完整的退回到舞台上来。这里需要提示一点：回到舞台后，并没有发现刚刚绘制完成的元件，是因为刚刚绘制完成的影片剪辑元件保存在库里，等待备用。这时如果想使用这个影片剪辑元件，需要查看库，库面板快捷键为"Ctrl"+"L"。

除了刚刚这种新建方式以外，还有另外一种创建元件的方式，这种方式比较适合先绘制好所需要的图形、道具等物品。

来看一下绘制方法，首先在舞台上进行绘制，绘制出想要的道具图形等物品，如图 3-1-4 所示，在舞台上简单绘制出一个矩形图案。

图3-1-4　绘制图形

接着再把这个图形全选，这时可以直接把鼠标放在这个被选中的图形上，然后单击鼠标右键，找到"转化为元件"。这样就能够把当前所绘制的图形转化为元件。当然，在一般动画制作过程中，习惯使用快捷键来完成元件的转化，其快捷键为 F8，如图 3-1-5 所示。

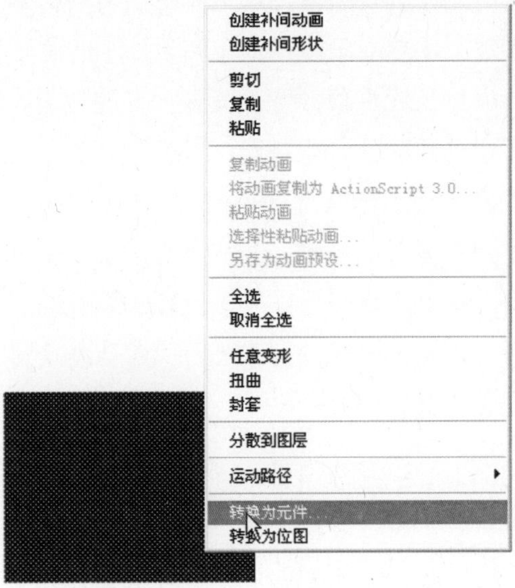

图3-1-5　转换为元件

当执行完转换命令后，会发现这个元件停留在舞台上。其实这个元件同时也被保存在库里，这样，不论舞台上这个元件删除与否，元件都会静静地放置于库中。

3.1.4 元件的修改和编辑

在正常使用 Flash 软件进行操作和设计时，会发现元件使用频率是非常高的。可以调出库面板，把需要使用的元件从库中拖放在舞台上。如果还需要这样类型的元件，那么可以再次从库面板中拖拽出想要的元件进行制作和使用。

如果说要修改某一个元件的颜色或是具体形状，就需要使用工具栏中的"选择工具"，然后在舞台上双击这个元件，就可以直接进入到该元件的内部，并可以进行该元件的颜色、形状等参数的修改和绘制，如图 3-1-6 所示。

图3-1-6　编辑元件

这样就可以直接对元件进行编辑，这里需提示两点：第一点，在使用编辑元件模式的时候，会发现上图左上角有场景1和元件1的位置，这说明当前所在位置为该元件内部，可以进行元件修改。当元件修改完以后，可以点击场景1，完成该元件的退出，回到正常舞台。第二点，当我们对一个元件进行修改时，并没有发现任何问题。但是这里会涉及到一个问题就是，当把一个元件进行修改时，舞台上同时使用的该元件都会被修改，也就说明该元件在执行修改后，同名称的元件都受到相应影响。所以不要轻易修改该元件，或者说当一个元件完全设计完成后，不要轻易去进入该元件内部进行修改，这样会波及到所有该元件使用的地方。

那么，除了可以直接编辑舞台上的元件，进行直接修改。有时候有些元件并没有直接显示在舞台上，而是放在库里。当遇到这个时候，可以直接打开库面板，在库面板中找到自己要修改的元件，这个时候需要记住，要双击这个元件并进入到库面板，应该双击库面板中这个元件前边的标志，而不是这个元件名称的位置。找到库中某一个元件标志位置，并进行双击。就可以直接进入该元件内部进行修改和编辑。

再来看一下，在编辑元件同时，还可以编辑元件在舞台上的颜色等属性。刚刚上边提到，如果改变某一个元件内部颜色，其所对应的的所有元件颜色都将被更改。但是否可以既不更改库中该元件的原始颜色，又可以修改舞台上这个现有元件颜色呢？答案是肯定的。

首先单击需要修改颜色的元件，然后对应来观察一下属性栏。在属性栏中，会发现"色彩效果"一栏，单击把它展开。这个时候会发现这里有一个"样式栏"，而当单击这个对话栏时，就会下拉出一系列的选项，如图3-1-7所示。

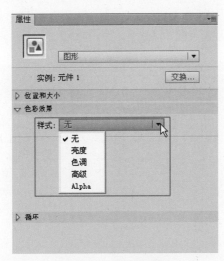

图3-1-7　色彩效果栏

在这里，可以调节在舞台上这个元件的亮度、色调、透明度等。选择"色调"试一下就会发现，在这个属性栏就会有调节颜色色调的一些滑动参数值，如图3-1-8所示。

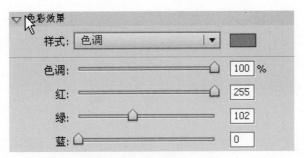

图3-1-8　色彩效果属性

通过这个方法可以直接更改拖放在舞台上元件的颜色、透明度等信息，同时又没有改变其在库面板的基础颜色属性，这也是元件独有的一面。

当进行 Flash 元件动画设计和操作时，有时会想把舞台上某一个元件直接换成库面板中另外一个元件，同时不改变该元件在舞台上的位置，那么就需要使用交换元件来完成这个步骤。首先选中需要交换的元件，然后直接观察属性栏。属性栏最上边就有一个栏叫做"交换"，单击这个交换栏，如图 3-1-9 所示。

图3-1-9　交换栏

当单击这个交换栏之后，就会弹出一个很直观的交换窗口。通过这个交换窗口，可以直接选择需要交换的元件，并单击"确定"，如图 3-1-10 所示。

图3-1-10　交换元件

交换后，就可以在舞台上看见刚刚那个元件已经变成库中另外一个元件。

前边提到过，元件在创建初期就已经被分配好它到底是图形元件还是影片剪辑元件。如果在制作过程中，需要用图形元件的同时，还需要这个样子的影片剪辑元件该怎么办呢？这里就会涉及另外一个知识点，转换更改元件类型。

首先在舞台上放置一个图形元件，然后单击它，同时看一下它的属性栏最上端位置有一个图形栏，这个栏主要控制和改变该元件在舞台的元件类型，如图 3-1-11 所示。

图3-1-11　交换元件类型

红色对话框中就是可以直接进行更改的元件类型，把这里进行更改以后，舞台上面的元件对象就改变其自身的元件属性，而库面板中该元件不做修改。

在进行元件制作动画时，有时候会把现有舞台上元件转化为最基础的图形模式，那么就需要用到一个知识点，就是分离，也可以叫作打散，其快捷键是"Ctrl"+"B"。打散之后当前舞台上这个元件就与库面板的元件无任何关系，可以随意对当前舞台图形进行修改和变形。

3.1.5 案例：元件用途演示

元件可以看作是动画或者视频的元素，这些元素需要在进行动画制作或者调试之前就建立完成，只有这样才能够在制作设计时随用随拿，便于使用。下面来看一个案例演示，这个演示可以很直观地学习到怎么样使用库中元件来组成场景。

首先需要准备好制作场景中的道具，因为这一节主要以演示库中元件使用方法，所以绘制部分就不一一讲解。查看库面板中所有需要用的元件是否齐全，如图3-1-12所示。

图3-1-12　库面板元件

在这里会发现，元件有图形元件和影片剪辑元件。这两种元件都有不同的使用方法。首先来到舞台,调出库面板,把库面板中背景墙图形元件从库中拖拽出来,放到合适位置,如图 3-1-13 所示。

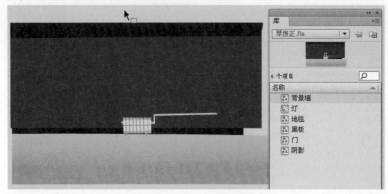

图3-1-13 调出背景墙

然后在从库面板中把门元件拖拽出来放置在背景墙上边,并使用"任意变形"工具对其进行位置和大小调节,以达到最美观,如图 3-1-14 所示。

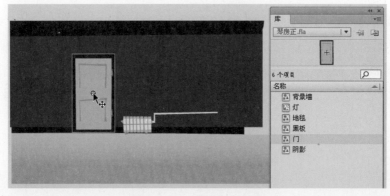

图3-1-14 摆放门元件

接下来把黑板元件从库中拿出来,并放在合适位置上,如图 3-1-15 所示。

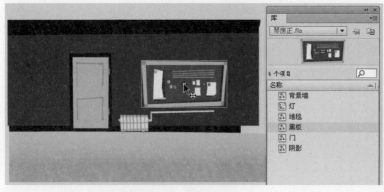

图3-1-15 摆放黑板元件

再来丰富一下地面，为地面添加地毯元件并摆放至合适位置；如图 3-1-16 所示。

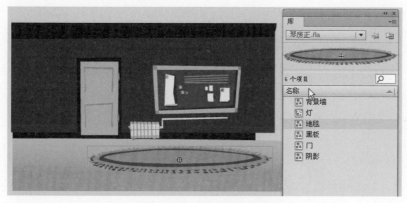

图 3-1-16　摆放地毯元件

为了能够让整个房间看起来色彩光影分明，在整个屋子中摆放一个阴影是很必要的，如图 3-1-17 所示。

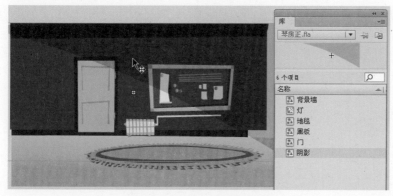

图 3-1-17　摆放阴影元件

当把所有适合摆放的元件都摆放好后，这时库中就只剩下一个拉灯影片剪辑元件，把这个元件也从库中拿出来，放置在屋的顶端，这时需要提示，使用影片剪辑元件来制作这个灯是因为在放置到舞台后，可以使用影片剪辑元件的滤镜属性来为这个灯添加模糊效果，增加氛围，如图 3-1-18 所示。

图 3-1-18　摆放等元件

这样一个完整动画背景就摆放完成了，通过这个演示可以看出，元件在可以进行随意摆放的同时，还可以进行模糊等滤镜的使用，为整个动画场景增加一丝氛围。

3.2　库面板介绍

库面板是使用元件和归纳元件的地方，同时还可以收纳声音文件、视频文件、图片文件等多种类型的文件，掌握好库面板的合理使用，就会更好地使用和利用元件及素材。下面来看一下在 Flash 中库面板使用的一些相关知识。

3.2.1　库内元件的管理

先来看一下库面板全貌及几个比较重要的地方，如图 3-2-1 所示。

图3-2-1　库面板

从上边示意图可以看出，第一个红色框表示当前文件所对应的库面板，这个位置比较有用，有的时候，在同时开启几个 Flash 文件时，有可能在制作过程中需要调用另外一个文档中库里的元件或素材，可以直接来这里切换不同文件，就能够达到切换不同文件库的使用，大大增加工作效率。

第二个红色区域主要是针对库面板搜索使用，有时候制作动画时会有很多元件和素材存在于库中，在查找时不能一个一个地慢慢找，就需要使用这个工具来对元件或素材进行搜索，方便快速找到所需的元件。

最下边红色区域是针对元件来进行整理和删除之用。先看看那个小垃圾桶，当需要对某一个元件或素材进行删除时，可以先单击一下元件，然后再单击一下垃圾桶即可消除。也可以直接使用鼠标左键，拖拽需要删除的元件直接放到这个小垃圾桶标识上，也可以起到删除作用。

在最下方红色区域可以看到有一个类似系统文件的图标，这个图标叫做新建文件夹。这个新建文件夹功能可以辅助设计者把相关联的素材或元件放在统一文件夹下，因为在制作中，一个角色会有很多元件组成，而这些元件都同属于同一个角色身体，所以这样创建整理，可以很好地辅助查找和使用。用法也相对简单，首先单击一下这个新建文件夹，这时候在库面板中会出现一个文件夹，同时可以进行命名，如图 3-2-2 所示。

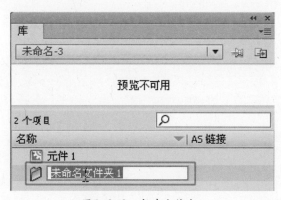

图3-2-2　新建文件夹

把文件夹建成后，可以把相关元件或素材利用鼠标左键拖拽到该文件夹下，如图 3-2-3 所示。

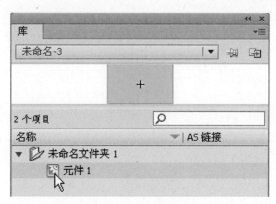

图3-2-3　存放元件

只需要点击文件夹前边的三角标志，就可以对该文件夹进行展开关闭。了解了库面板的基础使用，可以使动画制作更快捷，使用素材更及时。

3.2.2 外部文件导入

在这一知识点环节，主要讲解外部文件导入到库面板和舞台上等相关知识。在 Flash 软件逐年更新的时代，每一个版本都对 Flash 文件做出一定的改动来适应软件本身对外部文件的需求。

导入外部文件，需要了解一些额外知识点。一般情况下，不是所有外部资源都能够完美导入 Flash 中并运行，软件本身也有一定资源限定。在下边的环节中，来看一下怎样导入外部资源和都有哪些资源可以利用并支持运行。

首先新建一个 Flash 文档，然后选择"菜单栏"—"文件"—"导入"—"导入到库"，这时会弹出一个相应对话框，如图 3-2-4 所示。

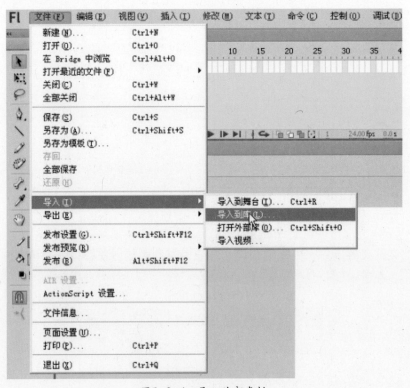

图3-2-4　导入外部素材

当这个对话框弹出后，可以选择下方文件类型，然后就能观察到具体都有哪些格式和类型视频可以导入 Flash 里边了，如图 3-2-5 所示。

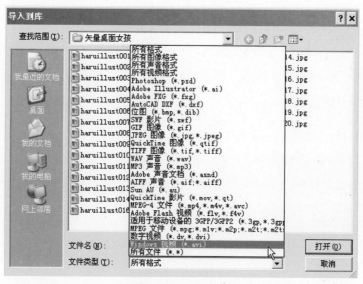

图3-2-5 格式参考

在这里可以看到的音频、视频、图片格式就是支持的格式，而没有显示的格式就是不能支持的格式，是不能导入进 Flash 软件的。

这里提示一点：一般情况下，在使用 Flash 等软件前，会安装一些常规视频解码软件，比如 Quicktime 软件，来对软件视频编码进行支持。

再来看一下，选择自己要导入的文件，然后单击"打开"就可以直接把所需要的文件直接导入到库中，如图 3-2-6 所示。

图3-2-6 文件导入库

3.2.3 案例：库的作用及插件更改

通过以上有关库的知识点可以看出，库的作用在于把所要利用的资源全部归纳进库面板，在库面板中形成一系列的元件、音频、视频文件来组成资源库，支撑整个动画制作完成。

提及插件，初学者可能感觉会有些陌生。但是对于专业 Flash 人士来说，了解 Flash 一些外挂插件是很有必要的。在本小节会介绍几款实用的 Flash 插件，这些插件主要是针对一些动画项目而开发出来的，希望在这一小节能够让初学者大体了解插件的用途和更改方式，为今后制作 Flash 动画打下一定的基础。

首先说一下和库面板有关的插件，在进行动画等项目制作时，发现两个 Flash 文档合并时，库面板中元件名称会重名，这样做会导致至少有一个元件需要更改命名或者被替换掉。这是在 Flash 动画制作时所不希望看见的，假如一个一个去修改命名，会比较浪费时间和增加工作量，这时就会用到一些插件来帮助我们完成库中元件的修改工作。

要安装这个插件，首先要保证自己安装的 Flash 软件是完整安装版，因为在完整安装版中，附带了一个插件安装软件 Macromedia Extension Manager，这个小软件在安装 Flash 时会有提示是否安装。以后想要安装一些插件，建议安装这个软件。然后使用这个软件进行安装，安装后在软件中是不会直接显示出来的，需要选择"菜单栏"—"命令"—"RandomNameLibaray"，然后单击一下，就可以出现一个对话框来提示修改内容及名头。

说起来这个插件不是很大众化，相对使用率也不是很高，但是经常会在日后工作中能用得上，所以在这里还是为各位读者提及一下。

3.3 图层属性和时间轴概念

图层，当新建一个 Flash 文档后，舞台中就会对应自动生成一个默认的图层，需要时，可以自行添加更多图层，便于在文档中组织对象及元素。图层数量没有具体的限制，而且层的增加不会给未来动画的导出增加负担。每一个图层都可以包含任意数量的元素，并可以对这些对象进行编辑。

对于大多数 Flash 动画来说，一个图层是远远不够的，常常需要为一个动画创建多个图层，在不同的图层中制作不同的动画，各个图层的动画组合在一起就形成了复杂的动画效果。下面讲解图层的使用方法。

在 Flash 动画中，图层就像一叠透明纸一样，每一张纸上面都有不同的画面，将这些纸叠在一起就组成一幅比较复杂的画面。在上面一层添加内容，会遮住下面一层中相同位置的内容，但如果上面一层的某个区域没有内容，透过这个区域就可以看到下面一层相同位置的内容。在 Flash 中每个图层都是相互独立的，拥有自己的时间轴，包含独立的帧，用户可以在一个图层上任意修改图层内容，而不会影响到其他图层。

先看一下图层所在位置，在 Flash CS6 中，时间轴位置并不是固定位置，这主要是着眼于其自身位置与制作者的关系，时间轴可以进行位置移动，不受软件位置限定，这样有的设计者适合后台开发，那么就会省略或者只留给时间轴很小一部分空间。而相对动画制作和游戏制作来说，时间轴位置可以适配到整个界面的上端或者下端，有的开发者还比较喜欢把时间轴放置在靠右端，这些都和设计者本身个人爱好有一定关系。在本小节，软件中的时间轴位置是按照常规位置来摆放的，如图 3-3-1 所示。

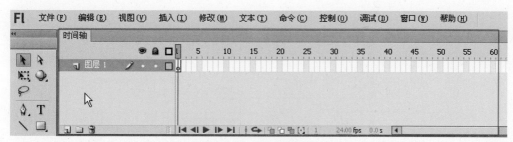

图3-3-1　时间轴位置

上方看到的是一般常规的时间轴所在位置，并不是绝对的。

3.3.1 图层操作及运用

图层在 Flash 软件中很重要，而且所有动画最终都要靠这一块来完成整个动画的拼合工作。图层有几种类型，Flash 提供了多种类型的图层可供用户来使用，每种类型的图层都具有单独的图层基本属性，同时也存在着很大差异，Flash 中的各种图层有着各自不同的用法。大致可以把 Flash 图层分为普通图层、普通引导层、运动引导层、被引导图层、图层文件夹、遮罩层和被遮罩层，如图 3-3-2 所示。

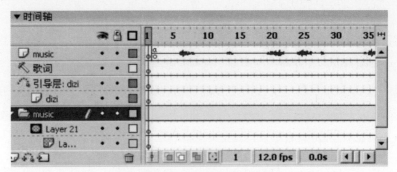

图3-3-2 图层类别

那么上方所看到的是在 Flash CS6 之前版本的图层图标，而在 Flash CS6 版本中，对插入图层等图标进行了一些改变，如图 3-3-3 所示。

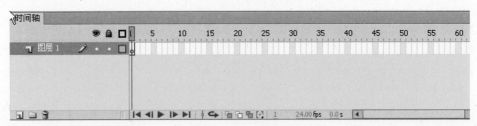

图3-3-3 时间轴

查看上图可以清晰的看出，左下角插入图层方式和传统插入图层还是具有一定区别的，现在开始逐个了解一下。

先看第一项，插入图层。这个图标位于时间轴左下角位置，当鼠标单击它时，会自动在时间轴上添加出一个图层，同时可以在这个图层文字部分进行命名。这里提示一点：在制作 Flash 时，要养成一个良好的命名习惯，针对每个图层都应该设定相应的文件名，这样在日后编辑 Flash 软件时候可以流畅地调控各个图层及其作用。

再来看第二项，第二项叫做新建文件夹。它的意义类似于库面板中文件夹。通过该新建文件夹，可以把相关或类似图层整合在一起，方便管理。因为在今后的练习和制作中，舞台上的图层可能会越来越多，这样不便于查找和操作设计。最后边一项是垃圾桶工具，其主要职责是进行删除图层。

介绍完以上这几个带有标志的图层以后，再来看一下其他图层的使用和转变。在这个 Flash CS6 新版本中，图层创建初期都是以普通图层为主，普通图层作为最基础图层来使用。而要想把普通图层转换为其他类型图层，只需要在新建图层的名字位置右键，这样就会看到转化其他类型图层选项，如图 3-3-4 所示。

图3-3-4　图层转换

在上图中能够看到，下拉菜单中有几个深色字体选项，这几个就是转换图层的基本方式。这些图层类型可以相互转换，但是由于其每个图层类型和制作要求不一致，所以当确定图层类型及应用方式后，不要随意切换该图层类型。

了解图层类型后，还要了解图层的运用方式，也就是图层都有哪些自带应用属性。这些应用属性都在时间轴的左端，如图 3-3-5 所示。

图3-3-5　图层属性

先认识一下第一个图标——"眼睛"。这个眼睛图标对应下边图层一个白色圆点，操作时，如果单独点击眼睛图标，那么其对应所有图层在舞台上的画面都会被隐藏。如果想要单独隐藏某一个图层图像，只需要对应在舞台上单击其白色点就可以直接关闭隐藏该图层。这里提示一点：Flash 软件中，可以在制作时，把某一个图层隐藏，使当前这个或几个图层处于隐藏状态，但在最后导出动画时，这些被隐藏图层会和没有隐藏的图层一起导出动画和视频。所以需要注意，如果是不想要该图层，那么就要果断将其删除，不要只关闭隐藏眼睛图标。

再来看一下眼睛图标右边锁头图标，这个锁头图标用法和眼睛类似，其表示锁定该图层，同理，如果想要锁定所有图层，可以直接单击这个小锁头标志，这样所有图层都会被锁定。锁头图标对应下方也有白色圆点，假设要锁定当前图层，可以直接单击这个图层的白色圆点，就可以锁定该图层。

最后一个图标是将所有图层显示为轮廓，这个图标的作用是将舞台上所有带有颜色的图形转变为轮廓线模式，这种方式一是可以在文件较大时进行视图简化，帮助软件本身减少运算量；第二，它还可以把暂时不需要的图层转换为轮廓线模式，这样较为清晰地分清要使用的图层和图像位置。想要单独使某一个图层进行轮廓线显示，只需要点击其相对应下白色圆点，即可完成其轮廓线显示。

3.3.2 时间轴操作及运用

时间轴作为 Flash 软件中使用频率较多的区域，凡是执行有关动画或视频项目，都会使用到，同时它还可以被脚本语言命令操作。这样可以看出，时间轴的功能与使用是多么庞大。

在时间轴上，能够作为衡量时间的单位是一个专有名词，叫做帧。在 Flash 时间轴上，使用帧来定义和执行动画的时间长短。与胶片一样，Flash 文档也将时长分为帧。在时间轴中，使用这些帧来组织和控制文档的内容。在时间轴中放置帧的顺序将决定帧内对象在最终内容中的显示顺序。

关键帧是这样一个帧：其中的新元件实例显示在时间轴中。关键帧也可以是包含 ActionScript 代码以控制文档的某些方面的帧。还可以将空白关键帧添加到时间轴作为计划稍后添加的元件的占位符，或者将该帧保留为空。

第一个知识点先来了解一下帧的概念和关键帧的含义，属性关键帧是这样一个帧，用户在其中定义对对象属性的更改以产生动画。Flash 能补间，即自动填充属性关键帧之间的属性值以便生成流畅的动画。通过属性关键帧，不用画出每个帧就可以生成动画，因此，属性关键帧使动画的创建更为方便。包含补间动画的一系列帧称为补间动画。补间帧是作为补间动画的一部分的任何帧。静态帧是不作为补间动画的一部分的任何帧。在时间轴中排列关键帧和属性关键帧，以控制文档及其动画中的事件序列。

Flash 提供两种不同的方法在时间轴中选择帧。在基于帧的选择（默认情况）中，可以在时间轴中选择单个帧。在基于整体范围的选择中，在单击一个关键帧到下一个关键帧之间的任何帧时，整个帧序列都将被选中。在 Flash 首选参数中可以指定基于整体范围的选择。若要选择一个帧，请单击该帧。如果已启用"基于整体范围的选择"，请按住"Ctrl"并单击该帧。若要选择多个连续的帧，请按住"Shift"并单击其他帧。若要选择多个不连续的帧，请按住"Ctrl"单击其他帧。若要选择时间轴中的所有帧，请选择"编辑"—"时间轴"—"选择所有帧"。若要选择整个静态帧范围，请双击两个关键帧之间的帧。如果已启用"基于整体范围的选择"，请单击序列中的任何帧。

在进行动画或项目制作时，有时会想要把前边的帧进行再次利用，所使用的就是复制帧和粘贴帧。选择帧或序列并选择"编辑"—"时间轴"—"复制帧"。选择要替换的帧或序列，然后选择"编辑"—"时间轴"—"粘贴帧"。按住"Alt"再单击（Windows）并将关键帧拖到要粘贴的位置。删除帧或帧序列，选择帧或序列并选择"编辑"—"时间轴"—"删除帧"，右键单击从上下文菜单中选择"删除帧"。更改静态帧序列的长度，在按住"Ctrl"的同时向左或向右拖动范围的开始或结束帧。将关键帧转换为帧，选择关键帧并选择"编辑"—"时间轴"—"清除关键帧"，或者右键单击。

3.3.3 案例：操作流程及修改

在实际操作中，除了上述讲解的方法外，在设计 Flash 项目时，一般都会先进行一些简单的流程处理。

这里给出的案例是一个动画案例，这样能够更直观地去了解和学习在一些动画制作中所需要使用的流程，如图 3-3-6 所示。

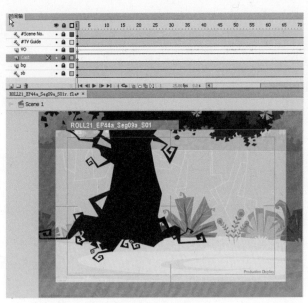

图3-3-6　时间轴案例

在这个案例中，可以看到如果想要建立一个常规的动画镜头，需要提前在舞台上准备几个图层，便于日后动画合成。

在第一层使用引导层模式来放置一个绿色框，这里主要是添加该动画镜头的镜头标号等信息。使用引导层是因为在导出动画时，该层不会被直接导出在动画视频上显示，而在 Flash 软件本身操作时显示。

第二层同样也是使用引导层模式来显示，其主要目的在于标示出动画输出视频安全框位置和输出动画位置，以利于动画导出。

第三层叫做音频层，在音频层，一般会把属于这一层的声音及对话添加上，方便观察动画整体音效效果，所以该层直接使用普通图层即可完成。

第四层为动画角色出场层，该层为一般图层，其主要目的就是把制作完成的角色动画元件放置在该层，便于整体修改角色位置大小等问题，同时对于单独导出动画也有着很重要的作用。

第五层叫做背景层，该层顾名思义就是把该镜头所适应的背景直接导入在该图层，这样对于推、拉、摇、移等镜头动画运用起到很好的管理作用。

最后一个图层再一次使用引导层模式，而最后一个图层的主要用途是放置动态分镜或静态分镜，把分镜放置在最底层，这样在导出时不会出现，同时在进行动画等项目制作时，也会很便捷，来回切换只需要进行图层隐藏就可以完成。

有了以上这几样图层，在后边动画等项目制作时，就不会漫无目的地进行新建图层和使用图层，在进行 Flash 动画制作时，更应该有章有法，有规则，才能很好地进行动画操作。当然，上边这个案例所涉及的图层安排和顺序也不是完全绝对的。每个项目都有一套完整的图层要求和流程，这就需要设计者们多练习，多接触、多制作。

3.3.4 案例：帧的相关属性及用法

在 Flash 项目制作中，除了前边讲到的使用菜单栏进行帧的相关操作外，我们在动画制作时，为了提高工作效率，经常会使用快捷键来完成相关帧的介入。特别是在动画项目中，时常使用快捷键来进行。

在时间轴上，要想直接对其中一个时间段插关键帧，直接使用快捷键"F6"，就可以完成该指令的生成，而要删除该关键帧，使用"Shift"+"F6"，就可以直接清除关键帧。想要针对某一个图层进行添加帧延长时间，可以直接使用快捷键"F5"来完成，这里提示一点：如果要想实现把当前所有图层都进行时间延长，需要单击时间轴上红色滑轴，再按快捷键"F5"，这样就能实现对所有图层的帧进行加帧，时间进行延长。

在用法上，可以尽量减少关键帧的使用量，因为关键帧较多会大大增加文件体积。提示一点：一般情况下，动画镜头都是单独制作的，最后再通过合成软件进行合成。而如果要用一个文件来完成整个动画制作，就要选择时长不是很长的动画来制作，时长片场的动画如果用一个文件来实现，对计算机的配置要求就要高很多。

现在用一个案例来学习帧的用法，下边这个案例要求使用逐帧来设计一个小动画，体验一下帧的使用。

首先，新建一个文档，然后在舞台中绘制一个豆芽图形，如图3-3-7所示。

图3-3-7　第一帧样式

打开视图标尺，拖动舞台上面和左面的标尺将会拖出一条辅助线，将辅助线拖动到豆芽根部和豆芽中心垂直的位置，如图3-3-8所示。

图3-3-8　第二帧样式

单击图层第 2 帧按 "F7" 键建立空白关键帧, 打开图层区中的 "绘图纸外观轮廓" 选项, 如图 3-3-9 所示。

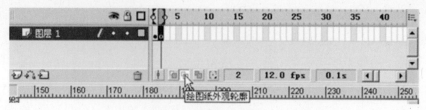

图3-3-9　第二帧样式

在第 2 帧绘制豆芽图形时, 豆芽的根部要和第 1 帧根部对齐, 使用辅助线对齐每帧的图形位置, 如图 3-3-10 所示。

图3-3-10　第二帧样式

按照同样方法在第 3 帧建立空白关键帧, 对照第 2 帧豆芽轮廓绘制第 3 帧豆芽, 如图 3-3-11 所示。

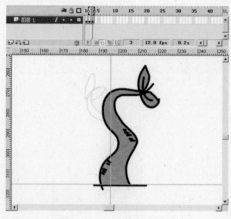

图3-3-11　第三帧样式

使用相同方法绘制其他帧豆芽生长图形, 在绘制过程中每绘制完一帧按 "Enter" 键, 在 Flash 中预览一次, 以确定生长动画绘制没有问题, 如图 3-3-12 所示。

图3-3-12 最后样式

本章小结

　　本章节是针对元件以及时间轴用法而设置，其中元件的创建及其使用是在 Flash 制作环节中非常重要的，而时间轴恰恰是与元件等动画密不可分，没有元件，就不能实现完整的动画制作，而动画对于时间和节奏把握都要附加在时间轴上，所以希望能够通过本小节知识点，让各位读者建立一个思维架构，深刻了解其用法和使用流程。

第 4 章　Adobe Flash 中的简单动画

在本节课程，主要讲解 Flash 动画知识点，也可以说是制作动画等项目必须要具备的知识点。Flash 生成的动画文件，其扩展名默认为 .fla 和 .swf。前者只能在 Flash 环境中运行；后者可以脱离 Flash 环境独立运行。在 Flash 动画中可以分为帧动画和造型动画，在 Flash 中，帧动画亦称逐帧动画（Frame by Frame Animation）或影格连续动画；造型动画则称为渐变动画（Tweened Animation）。

逐帧动画在连续动画的相邻两帧中，画面一般仅有微小的变化；每一帧都是关键帧；每帧画面的制作借助"洋葱皮"按钮，在上一帧的基础上略作修改。使用其他绘图软件制作系列文件，文件名采用连续的编号，如 01、02、03 等。

渐变动画只需在重要处定义关键帧，Flash 会自动创建关键帧间的内容；渐变动画区分为"移动渐变"（Motion Tween）和"形状渐变"（Shape Tween）。

4.1　原件动画补间

在 Flash CS6 中，每个补间都有着自己各自的用途，同时也有着不同的区别。在知道里回答问题的时候发现很多新学 Flash 的朋友搞不清楚什么时候要用创建补间动画，什么时候用创建补间形状，什么时候要用创建传统补间。在此作一总结分析，希望能帮他们搞清这个问题。

ActionScript3.0 Flash 的补间动画发展简介，这是一个不得不讲的问题，不搞清楚的话，可能很多朋友不知道传统补间是怎么来的。其实学习过 Flash 早期版本的特别是 Flash 8 以前版本的朋友都知道，在 Flash 8 以前的版本里面是没有传统补间这一说法的，为什么呢？因为它们就是传统，那时候的补间只有两种形式。

创建补间动画（其实应该说是运动补间动画，包括缩放、旋转、位置、透明变化等）。创建补间形状（主要用于变形动画，如圆的变成方的，这个字变成那个字等）。他们在时间轴上的表现形式也不一样，到了 Flash CS3 之后，因为加入了一些 3D 的功能，结果在补间上传统的这两种补间就没办法实现 3D 的旋转，所以之后的创建补间动画也就不在是以前版本上的那个意义了，所以为了区别就把以往的那种创建补间动画改为传统补间动画。这样就出现了三种创建补间的形式：创建补间动画（可以完成传统补间动画的效果，外加 3D 补间动画）；创建补间形状（用于变形动画）；创建传统补间动画（位置、旋转、放大缩小、透明度变化）。

4.1.1　图形元件补间

图形元件之前已经讲过，是 Flash 动画中用到最多的元件，现在来学习一下利用图形元件来制作补间动画。

图形元件补间动画一般在动画制作中，能够使动画动作变得更平稳圆滑，看起来更为舒服。而且图形元件相对占用资源较少，可以循环使用率高。在这里先做一个简单案例来完成图形元件的讲解，过程简单，但在日后设计过程中，往往会在动画制作中使用很多种补间形式，这就有可能混淆各个补间的用法和使用方式，结果可想而知。

首先，新建 Flash 文档，然后在舞台上任意绘制出一个图形，如图 4-1-1 所示。然后使用快捷键"F8"，将其转化为图形元件。

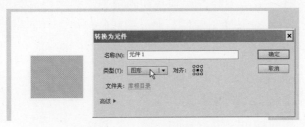

图4-1-1　转换为图形元件

转换为图形元件之后，在时间轴上任选一帧，使用快捷键"F6"插入关键帧，之后把舞台上的图形元件移动一个位置，如图 4-1-2 所示。

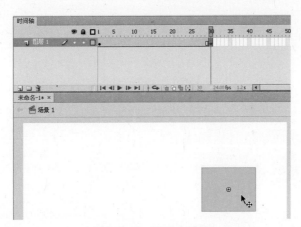

图4-1-2　设置关键帧

把鼠标移动到这段时间轴中间的任意一帧上，右键使用创建传统补间，这样就完成简单的补间动画形式，如图 4-1-3 所示。

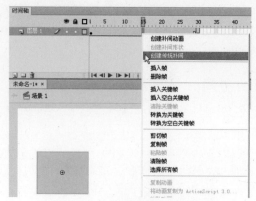

图4-1-3 创建传统补间动画

滑动时间轴上的红色时间滑块，就可以直接查看动画，同时会发现这段补间动画颜色变为蓝灰色，同时伴有一个直线箭头，表示当前补间动画创建成功。这里提示一点：图形元件补间动画有一个使用问题，当前是在舞台上面直接使用创建使用补间动画，完成30帧补间动画。但如果使用嵌套式动画，也就是把当前动画放置于另外一个图形元件内部，那么再把这个带有补间动画的元件放置在舞台上，就会发现有一帧是不会观察到其动画效果，必须要对其进行补帧和内部30帧保持同步。如果帧少了，就不会把内部动画播放完整；如果帧多了，那么就会进行再一次循环。

4.1.2 影片剪辑元件补间

影片剪辑元件同样可以进行补间动画，其制作补间动画形式和方法大致相同，但在嵌套动画时，就会发现不同之处。

首先，新建 Flash 文档，在舞台上任意绘制一个图形，将这个图形转化为影片剪辑元件，如图 4-1-4 所示。

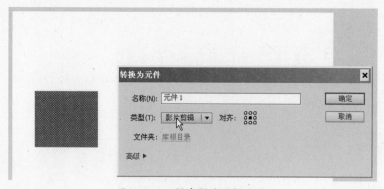

图4-1-4 创建影片剪辑元件

创建完成后，在时间轴任意一帧位置选择一帧，"F6"插入关键帧，如图 4-1-5 所示。

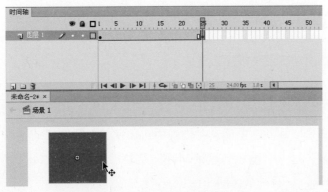

图4-1-5　插入关键帧

在时间轴上任选一帧，使用鼠标右键进行创建传统补间动画，如图4-1-6所示，这时就会看到影片剪辑元件的补间动画。

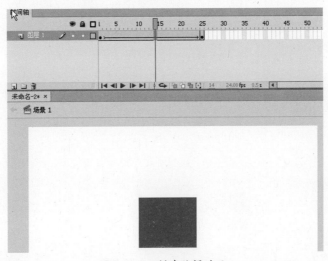

图4-1-6　创建补间动画

当看到影片剪辑元件补间动画，并未发现异常。这里提示一下：如果把舞台上这个动画嵌入另外一个影片剪辑元件内部，那么当该含有动画的影片剪辑元件放置舞台时，无需对其进行同步补帧，要想看到其动画效果需要使用快捷键"Ctrl"+"Enter"键完成，而在舞台上即使补充了足够的帧也不能看到其动画效果。

所以这里要讲到一点，如果要实时观看动画效果，要尽量使用图形元件来进行补间动画制作，但如果需要进行一些带有模糊等特效的效果时，可以使用影片剪辑元件来完成动画补间。

4.2　简单动画

下边要讲述利用补间动画方式进行补间动画部分的深入学习和制作。同时也会发现在不同需求下，使用不同补间可以达到提高效率，减少文档体积等功效。

合理使用补间动画形式在 Flash 中起着至关重要的作用。在这一环节中会涉及几个常用补间动画形式和 Flash 动画创作技术，形状补间动画、路径动画、遮罩动画以及新的骨骼动画系统等知识点。

4.2.1　形状补间

补间动画是一种动画类型，在动画中对象从一个位置移动到另一个位置。关于"补间动画"这一名称源自这种动画涉及动作的特点，以及动作的创建方式。术语补间（Tween）是补足区间（In Between）的简称。

可通过以下方法来定义补间动画：定义要为其制作动画对象的起始位置和结束位置，然后让 Flash 计算该对象的所有补足区间位置。使用这种方法，只需设置要为其制作动画的对象的起始位置和结束位置，就可以创建平滑的动作动画。Flash 可以创建两种类型的补间动画，一种是"补间动画"，另一种是"补间形状"。

首先新建 Flash 文档，使用矩形工具在舞台中绘制一个矩形，注意不要有描边颜色，如图 4-2-1 所示。

图4-2-1　绘制矩形

再单击第 30 帧，按"F7"键插入空白关键帧，对应在舞台上绘制出一个绿色圆形，如图 4-2-2 所示。

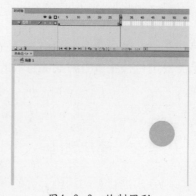

图4-2-2　绘制圆形

选中第 1 ～ 30 帧中的某一帧，使用右键找到创建补间形状，如图 4-2-3 所示。

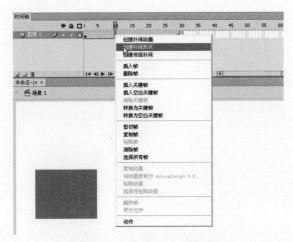

图4-2-3 创建形状补间动画

当创建完成后，发现补间动画这一层颜色变为绿色，表示该层动画已经转化完成，同时也看到，利用补间形状可以对图形进行颜色、大小、简单形状等变化调节。

以上所做的是简单的形状动画，中间帧完全是 Flash 自动生成的，无法控制动画过程中的形状。如果要精确控制变形过程中的形状，就需要增加关键帧或增加"形状提示"。下面将通过一个实例来讲解如何运用"形状提示"。

首先新建文档，选择"视图"—"网格"—"显示网格"命令，打开网格。选择"视图"—"贴紧"—"贴紧至网格"命令。

选择"线条工具"，在舞台中绘制一个等腰三角形，由于打开了"贴紧至网格"命令，在绘制时会自动吸附到网格的交点上，可以帮助精确定位，如图4-2-4所示。

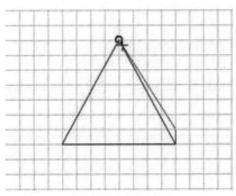

图4-2-4 绘制形状

选择第 30 帧，按"F6"键插入关键帧。删除右侧表现体积的两条边，绘制另一个等腰三角形，如图 4-2-5 所示。

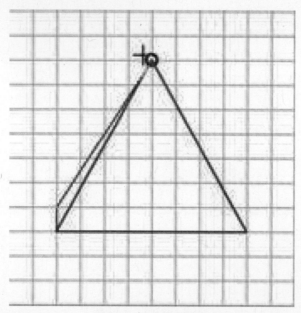

图4-2-5 绘制三角形

如果此时创建形状动画，会发现动画并不像大家想象的那样，实现两个三角形的完美转面，在动画的中间帧部分出现了混乱，如图 4-2-6 所示。

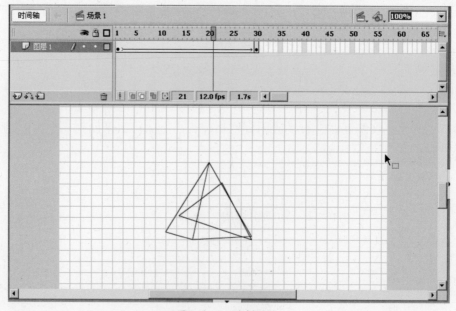

图4-2-6 补间混乱

先取消形状动画，回到第 1 帧，选择"修改"—"形状"—"添加形状"提示。快捷键是"Ctrl+""Shift"+"H"，如图 4-2-7 所示。

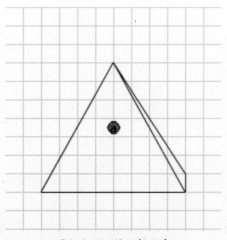

图4-2-7 添加提示点

添加形状提示，并移动位置，如图4-2-8所示。

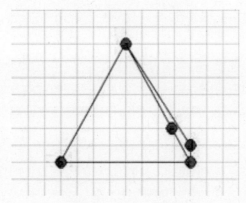

图4-2-8 提示点对位

选择第30帧，将形状提示移动位置。注意此时并不能随意移动提示的位置，要想象一下，当三角形转面时，它的每条边到了什么位置。应该把相应的形状提示放到该项位置，如图4-2-9所示。

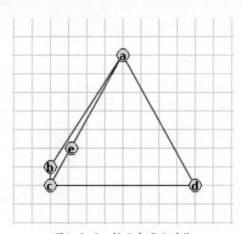

图4-2-9 提示点再次对位

测试影片，可以看到此时三角形实现了完美的转面。用此方法可简单模拟三维效果。还可以选择"颜料桶工具"—"渐变填充"，为其填充颜色，并把线条删除，如图 4-2-10 所示。

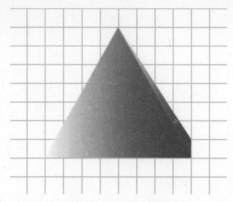

图4-2-10　动画测试

4.2.2 路径动画

在动画中经常需要做一些非常随意的运动，简单的直线运动完全不能满足动画的需求，这时候就需要路径动画来达到自己满意的运动效果。路径动画是让物体按照一定的路线来运动，例如一个物体作圆周运动或曲线运动，下面就来介绍简单的路径动画实例。

开放路径是指路径有两个端点，利用这种路径可以将图形从一个端点沿着路径移动到另一个端点。下面将学习制作这类路径动画，具体步骤如下：

首先在舞台绘制飞机图形，先用"线条工具"或"钢笔工具"绘制出飞机轮廓，然后将飞机简单地增加高光，如图 4-2-11 所示。

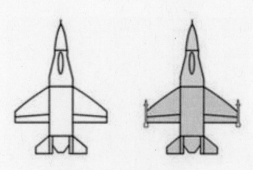

图4-2-11　绘制飞机图形

选中整个图形，按"F8"键将这个飞机图形转化为飞机图形元件，如图 4-2-12 所示。

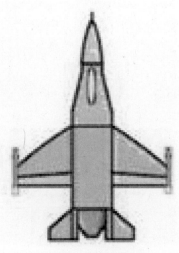

图4-2-12　转化为元件

　　单击"时间轴"的第18帧，按"F6"或在第18帧右击选择"插入关键帧"。然后新建一个图层，在这个图层上边单击右键，选择引导层。提示一点这个环节和以前版本所使用方式不同。

　　选中引导层，在舞台上面用铅笔工具绘制一条曲线。选择"选择工具"打开辅助工具栏中的"贴紧至对象"按钮，可以使元件的中心点与曲线更容易对齐，如图4-2-13所示。

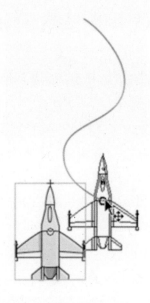

图4-2-13　绘制引导层

　　在第1帧拖动飞机的中心点吸附到曲线的一端，在第18帧拖动飞机中心点吸附到曲线的另一端，如图4-2-14所示。

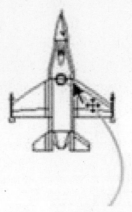

图4-2-14　添加移动端点

选中第 1 ~ 17 帧中的某一帧，右击选择"创建传统补间动画"。就可以完成这个路径补间动画，这里提示一点：不论引导层的路径层隐藏还是不隐藏，当导出最终动画后，它都不会显示在动画视频上。

有的时候在设计路径动画时，可能会遇到封闭路径形状，这样的图形无法直接创建路径动画，上面的制作效果是让飞机沿曲线运动，下面来讲解一下让飞机围着一个正圆运动，具体步骤如下：

先要创建一个正圆作为引导的路径。选择引导层中的曲线将其删除，然后在引导层上用椭圆工具绘制一个正圆，注意不要填充颜色。

再创建一个正圆作为引导的路径。选择引导层中的曲线将其删除，然后在引导层上用椭圆工具绘制一个正圆，注意不要填充颜色。

测试动画会发现飞机并没有按想象的那样绕圆一周，而是直接飞向了结束点。解决这个问题有两个方法：第一个方法是在中间增加关键帧，强制它"绕远路"。第二个方法是选择橡皮擦工具把正圆路径擦出一个小口，这样飞机就会绕着圆圈运动了。但还有一个问题，飞机的头一直向着一个方向，这和真实情况是不相符的。需要让机头的方向指向飞机移动的方向，首先回到第一帧，用"变形工具"将飞机进行旋转，把最后一帧飞机的方向也调整成这样。选择第一帧，打开"属性"面板，调整到路径这一选项上。测试影片，这时飞机机头的方向就会随着路径改变了。

4.2.3 遮罩动画

遮罩动画是 Flash 中的一个很重要的动画类型，很多效果丰富的动画都是通过遮罩动画来完成的。在 Flash 的图层中有一个遮罩图层类型，为了得到特殊的显示效果，可以在遮罩层上创建一个任意形状的"视窗"，遮罩层下方的对象可以通过该"视窗"显示出来，而"视窗"之外的对象将不会显示。

"遮罩"有什么用呢？在 Flash 动画中，"遮罩"主要有两种用途：一个是用在整个场景或一个特定区域，使场景外的对象或特定区域外的对象不可见；另一个是用来遮罩住某一元件的一部分，从而实现一些特殊的效果。在 Flash 的作品中，常常看到很多眩目神奇的效果，而其中不少作品的效果就是用"遮罩"完成的，如水波、万花筒、百叶窗、放大镜、望远镜等。

在 Flash 中没有一个专门的按钮来创建遮罩层，遮罩层其实是由普通图层转化的。你只要在某个图层上单击右键，在弹出的菜单中选择"遮罩层"，使命令的左边出现一个小勾，该图层就会生成遮罩层，"层图标"就会从普通层图标变为遮罩层图标，系统会自动把遮罩层下面的一层关联为"被遮罩层"，在缩进的同时图标变化，如果你想关联更多层被遮罩，只要把这些层拖到被遮罩层下面就行了。

构成遮罩和被遮罩层的元素

遮罩层中的图形对象在播放时是看不到的，遮罩层中的内容可以是按钮、影片剪辑、图形、位图、文字等，但不能使用线条，如果一定要用线条，可以将线条转化为"填充"。

被遮罩层中的对象只能透过遮罩层中的对象才能看到。在被遮罩层，可以使用按钮、影片剪辑、图形、位图、文字、线条。

遮罩中可以使用的动画形式

可以在遮罩层、被遮罩层中分别或同时使用形状补间动画、动作补间动画、引导线动画等动画手段，从而使遮罩动画变成一个可以施展无限想象力的创作空间。

遮罩动画是 Flash 中的一个很重要的动画类型，很多效果都是通过遮罩动画来完成的。在 Flash 的图层类型中有一个遮罩图层，为了得到特殊的显示效果，可以在遮罩层上创建一个任意形状的"图形"，遮罩层下方的对象可以通过该"图形"显示出来，而"图形"之外的对象将不会显示。下面通过实例讲解如何制作遮罩动画。

首先建立一个新图层，图层重命名为"背景"。在"背景"层中使用矩形工具，在舞台中绘制一个和舞台大小相等的矩形，矩形颜色填充为灰色或其他深颜色即可。

使用"矩形工具"绘制出简单镜框，如图4-2-15所示。

图4-2-15　绘制镜面

再建立新图层，图层重命名为"发光效果"。用"矩形工具"绘制3个矩形，矩形的透明度值为"55%"，并转换图形元件，如图4-2-16所示。

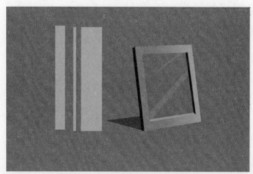

图4-2-16　绘制发光效果条

在发光效果层的第10帧加一个关键帧，在第1至10帧上面进行传统补间动画。并且调整第1帧与第10帧光效的位置，如图4-2-17所示。

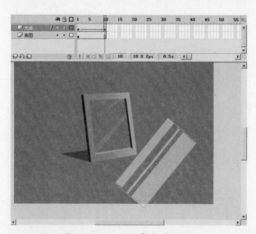

图4-2-17　调节光效位置

在发光效果层的上面建立遮罩层，在遮罩层沿镜面的四周画一个矩形，如图
4-2-18 所示。

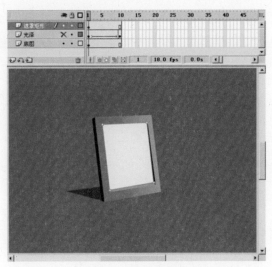

图4-2-18　绘制遮罩区域

右键单击图层名称选择遮罩层，就可以直接在 Flash 自动将层转换为"被遮罩"层，如图 4-2-19 所示。

图4-2-19　转变被遮罩层

最后看一下整体动画效果就会发现，被遮住部分到最后就变成露出部分。

这里提示几点：

1. 遮罩层的基本原理是：能够透过该图层中的对象看到"被遮罩层"中的对象及其属性（包括它们的变形效果），但是遮罩层中的对象中的许多属性如渐变色、透明度、颜色和线条样式等却是被忽略的。比如，我们不能通过遮罩层的渐变色来实现被遮罩层的渐变色变化。

2. 要在场景中显示遮罩效果，可以锁定遮罩层和被遮罩层。

3. 可以用"Actions"动作语句建立遮罩，但这种情况下只能有一个"被遮罩层"，同时，不能设置"_Alpha"属性。

4. 不能用一个遮罩层视图遮蔽另一个遮罩层。

5. 遮罩可以应用在 gif 动画上。

6. 在制作过程中，遮罩层经常挡住下层的元件，影响视线，无法编辑，可以按下遮罩层时间轴面板的显示图层轮廓按钮，使之变成遮罩层显示边框形状，在这种情况下，用户还可以拖动边框调整遮罩图形的外形和位置。

7. 在被遮罩层中不能放置动态文本。

4.2.4 逐帧动画

逐帧动画是一种常见的动画形式（Frame By Frame），其原理是在"连续的关键帧"中分解动画动作，也就是在时间轴的每帧上逐帧绘制不同的内容，使其连续播放而成动画。因为逐帧动画的帧序列内容不一样，不但给制作增加了负担而且最终输出的文件量也很大，但它的优势也很明显：逐帧动画具有非常大的灵活性，几乎可以表现任何想表现的内容，而它类似于电影的播放模式，很适合绘制表演细腻的动画。例如：人物或动物急剧转身、头发及衣服的飘动、走路、说话以及精致的 3D 效果等。

逐帧动画的诞生：逐帧动画早在 1907 年被一个无名技师发明，一时这种奇妙的方法在早期影片中大出风头。当时这种技术不被了解，后来被法国高蒙公司的艾米尔·科尔发现了这个秘诀后拍摄了很多动画片，《小浮士德》是一部逐帧木偶动画，堪称逐帧动画的早期杰作，后来随着逐帧动画的日益完善，出现了一系列经典作品。

逐帧动画的概念和在时间帧上的表现形式：在时间帧上逐帧绘制帧内容称为逐帧动画，由于是一帧一帧地画，所以逐帧动画具有非常大的灵活性，几乎可以表现任何想表现的内容。

创建逐帧动画的几种方法：

1. 用导入的静态图片建立逐帧动画。把 jpg、png 等格式的静态图片连续导入 Flash 中，就会建立一段逐帧动画。

2. 绘制矢量逐帧动画。用鼠标或压感笔在场景中一帧帧地画出帧内容。

3. 文字逐帧动画。用文字作帧中的元件，实现文字跳跃、旋转等特效。

4. 导入序列图像。可以导入 gif 序列图像、swf 动画文件或者利用第 3 方软件（如 swish、swift 3D 等）产生的动画序列。

多个连续的关键帧就形成了逐帧动画，它最适合于表现动作丰富、细腻的动画。在逐帧动画中，Flash 会保存每个完整帧的值。关键帧是定义在动画中的变化的帧。当创建逐帧动画时，每个帧都是关键帧。在补间动画中，可以在动画的重要位置定义关键帧，让 Flash 创建关键帧之间的帧内容。Flash 通过在两个关键帧之间绘制一个浅蓝色或浅绿色的箭头显示补间动画的内插帧。由于 Flash 文档保存每一个关键帧中的形状，所以应在插图中有变化的点处创建关键帧。

关键帧在时间轴中标明：有内容的关键帧以该帧前面的实心圆表示，而空白的关键帧则以该帧前面的空心圆表示。以后添加到同一图层的帧的内容将和关键帧相同。

有些物体运动时只使用简单的移动"补间动画"根本达不到所需要的效果，这时就需要用逐帧动画使物体在运动时更为流畅自然，如图 4-2-20 所示。

图4-2-20　逐帧动画序列图

4.2.5 骨骼动画

在动画设计软件中，运动学系统分为正向运动学和反向运动学这两种。正向运动学指的是对于有层级关系的对象来说，父对象的动作将影响到子对象，而子对象的动作将不会对父对象造成任何影响。如当对父对象进行移动时，子对象也会同时随着移动。而子对象移动时，父对象不会产生移动。由此可见，正向运动中的动作是向下传递的。与正向运动学不同，反向运动学动作传递是双向的，当父对象进行位移、旋转或缩放等动作时，其子对象会受到这些动作的影响，反之，子对象的动作也将影响到父对象。反向运动是通过一种连接各种物体的辅助工具来实现的运动，这种工具就是 IK 骨骼，也称为反向运动骨骼。使用 IK 骨骼制作的反向运动学动画，就是所谓的骨骼动画。

在 Flash 中，创建骨骼动画一般有两种方式。一种方式是为实例添加与其他实例相连接的骨骼，使用关节连接这些骨骼，骨骼允许实例链一起运动。另一种方式是在形状对象（即各种矢量图形对象）的内部添加骨骼，通过骨骼来移动形状的各个部分以实现动画效果。这样操作的优势在于无需绘制运动中该形状的不同状态，也无需使用补间形状来创建动画。

一起来学习一下这套骨骼系统，首先在舞台绘制出一个类似八爪鱼爪的形状，如图 4-2-21 所示。

图4-2-21　八爪鱼爪

然后选择在工具栏中的"骨骼工具"，如图 4-2-22 所示。

图4-2-22　骨骼工具

选中骨骼工具后，开始对这个八爪鱼爪进行骨骼设置，这里需要提示一点，在进行这个骨骼设置时，要考虑到未来这个形状的运动。所以在添加骨骼时，尽量保证平均、简洁，如图 4-2-23 所示。

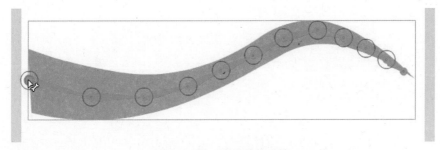

图4-2-23　添加骨骼系统

如果感觉添加完的骨骼不够完美或者距离不够匀称，可以使用部分选区工具，即使用快捷键"A"来修改其部分距离。

当设置好骨骼系统后，对应查看一下时间轴，就会发现在时间轴区域多了一个图层，为骨骼图层，如图 4-2-24 所示。

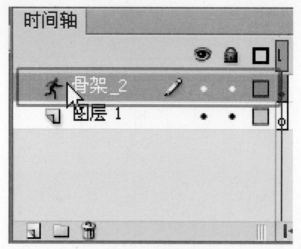

图 4-2-24 骨骼图层

然后在该图层对应任一帧位置右键，选择插入"姿势"命令，如图 4-2-25 所示。

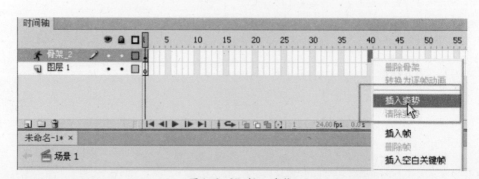

图 4-2-25 插入姿势

插入"姿势"命令后，用选择工具开始对这个八爪鱼爪进行调节，如图 4-2-26 所示。

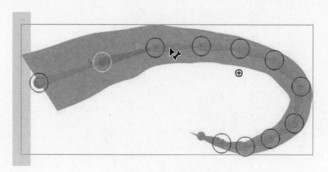

图 4-2-26 调整骨骼姿势

这样就可以直接进行骨骼调节，同时可以拨动时间轴滑块，检查整个骨骼系统动画。

4.2.6 案例：飞机路径动画

制作多层引导动画，一个引导层还可以链接多个被引导层，这样可以使多个对象沿着同一条路径运动；另外，一个引导层中还可以有多条运动路径，使得不同的对象沿着不同的路径运动。下面通过制作两架飞机相撞的过程，来练习多层引导动画的制作过程。其具体操作如下：

首先新建一个文件，将背景色设为浅蓝色，大小设为 550×300 像素，将图层 1 命名为"飞机 1"，绘制一个红色飞机，将飞机 1 按比例缩小，并将其转换为图形元件，如图 4-2-27 所示。

图4-2-27　建立飞机1元件

再新建一个图层，将其命名为"飞机 2"，再绘制一个绿色飞机，将飞机 2 按比例缩小，并将其转换为图形元件，如图 4-2-28 所示。

图4-2-28　建立飞机2元件

为图层"飞机 2"添加一个引导层，选中引导层的第 1 帧，在这层绘制出一个曲线路径，在选项区域中选择"平滑"模式，然后在舞台中绘制两条相交的光滑曲线，然后在第 40 帧按"F5"键延长帧，如图 4-2-29 所示。

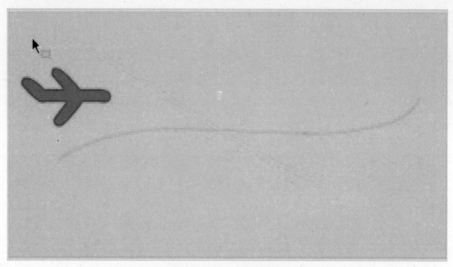

图4-2-29　绘制路线

在图层"飞机1"中将"红色飞机"移动到左边曲线的左端点上，在图层"飞机2"中将"绿色飞机"移动到右边曲线的右端点上，如图4-2-30所示。

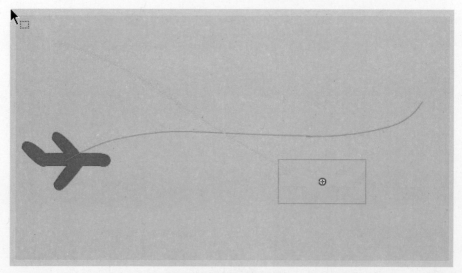

图4-2-30　移动中心点

在图层"飞机1"的第40帧插入关键帧，并将"红色飞机"移动到两条曲线的交点处，在图层"飞机2"的第40帧插入关键帧，并将"绿色飞机"移动到两条曲线的交点处。

同时选中"飞机1"图层和"飞机2"图层其中一帧，然后使用传统补间动画方式对其进行补间动画。最后进行动画测试，就会发现同一个引导层下，可以进行多个图层被引导。提示一点：虽然可以进行这样类似操作，但不建议建立多个被引导层，因为这样做有时会出现一定错误，导致动画效果不能发生。

4.2.7 案例：镜面反光动画

接下来利用所学知识点，进行一下扩展。上边学过利用遮罩来进行动画制作，那么一起来进行双镜面的遮罩效果，进行眼镜镜面反光动画效果制作。这种效果可以利用到一些破案角色道具的使用上，比如我们说的柯南动画，就会出现这样的效果。

首先在 Flash 中新建文档，然后在 Flash 中绘制出一个眼镜，如图 4-2-31 所示，并把这个图层命名为"眼镜层"。

图4-2-31　移动中心点

然后再新建一层，命名为"光泽层"，利用直线工具在这层绘制出光泽线，同时保证光泽线的颜色，如图 4-2-32 所示。

图4-2-32　绘制光泽

然后选择光泽层时间轴对应的 30 帧位置，按"F6"插入关键帧，并把这帧上的图形移动到眼镜的右端。再任意选择一帧右键进行补间形状动画，如图 4-2-33 所示。

图4-2-33 光泽补间动画

在时间轴上把眼镜这层延长帧至30帧位置，这样就可以直接看到眼镜这层的图形了。

在光泽层上再次新建一个图层，并将其命名为"遮罩层"，在这层绘制出眼镜框内部颜色，方便一会进行遮罩。这里为了看的较为清晰，使用绿色填充颜色，如图4-2-34所示。

图4-2-34 绘制遮罩

最后把这一图层选中，在这个图层名字的地方进行右键选择"遮罩层"命名，这时，整个动画就进行完成了。

通过这个遮罩动画，能够看出遮罩动画层可以向下遮挡不止一个图形，它可以进行多个图形的遮挡使用。只要把握好其制作方法，就可以使遮罩动画变化丰富。

4.2.8 案例：无纸动画演示

无纸动画是近年来随着图形图像（CG）技术发展而逐渐成熟完善的一种新的创作方式，它是动漫 CG 创作的一个组成部分，目前新一代动漫高手基本都使用这样的创作流程。无纸动画是相对传统动画而言的，是近年来随着图形图像（CG）技术发展而逐渐成熟完善的一种新的创作方式，它是动漫 CG 创作的一个组成部分，由于投入少、风险小，因此新兴动画公司已经普遍接受和采用了无纸动画流程。

无纸动画就是在电脑上完成全程制作的动画作品，它采用"数位板（压感笔）+ 电脑 +CG 应用软件"的全新工作流程，其绘画方式与传统的纸上绘画十分接近，因此能够很容易地从纸上绘画过渡到这一平台，同时它还可以大幅提高效率、易修改并且方便输出，这些特性让这种工作方式快速普及。因为无纸动画的全电脑制作流程，所见即所得，所以它省去了传统动画中例如扫描、逐格拍摄等步骤，而且简化了中期制作的工序，画面易于修改，上色方便，这样，可以有效地缩短动画制作流程，提高效率；并且，因为无纸动画软件多是矢量绘图，所以还可以很灵活地输出不同的尺寸格式，理论上可以达到无限高的质量而不失真，这是传统动画所无法比拟的，而且，因为无纸动画摒弃了传统纸张和颜料等工具，所以十分环保，而且工作环境也相应的要干净整洁。

无纸动画软件繁多复杂，除了专门开发的商业软件外，还有制作公司自己开发的独立软件。目前国际上普遍使用的有 Flash、animo、retas pro、toon boom animate pro、toon boom animate harmony 等，像 animo 这类的软件，实际上属于半无纸动画软件，因为它依然是使用传统动画流程，只是让中期制作中例如上色这类的工作更方便，依然需要纸上绘制动画前期，以及原画和补帧动画稿，而且还是面向百人以上大团队而设计。

目前国内的无纸动画制作公司，90% 以上都是使用 Flash 制作动画，与 animo 这种半过渡性软件相比，Flash 具有流程新、上手快、操作简便、功能全面等优点，可以完全实现动画制作的全无纸化，所以对动画团队的规模要求低，更适合中国国情。Flash 软件的功能非常强大，包括动画前期、加工、后期合成都可以在 Flash 中完成，但是从 Flash 8.0 之后集成的特效处理功能目前还不足，所以有些时候，我们需要用一些后期处理软件如 AE、vegas 等来配合使用。

Flash 目前恰恰都迎合了现阶段中国国情和行业的需要，在 Flash 中，我们又称其为逐帧动画，下面运用一个案例来为各位读者展示一下逐帧动画的魅力。

首先，利用 Flash 新建一个文件，并调整其帧频为每秒 25 帧，这样可以保证动画输出与电视播放频率一致。

第二步来学习一下画逐帧动画的原理，也就是原画技巧。

负责根据分镜表或设计稿将设计好的镜头影像绘制成精细的线条稿，是动画制作具体操作过程中最重要的部分，因此又被称为"关键动画"。

它的步骤为：由分镜表上的指示与时间长度，把画面中活动主体的动作起点与终点画面以线条稿的形式画在纸上，前后动作关系线索、阴影与分色的层次线也在此时以色彩铅笔绘制。原画的作用是控制动作轨迹特征和动态幅度，其动作设计直接关系到未来动画作品的叙事质量和审美功能。因此，该工作对画技的要求很高，所以多由一些高手担任，有的作画导演和人物设定人也会自己画原画。

第三步在时间轴上进行绘制，这里提示一点，一般使用逐帧绘制都会配合手绘板，这样绘制如同在纸上绘画一样，鼠标也可以绘制，但造型可就差强人意。先在第 1 帧绘制出角色第一张原画，这一过程相对有绘画基础的设计者来说更为简单，如图 4-2-35 所示。

图4-2-35　原画绘制1

当把第一张原画绘制完成后，利用"洋葱皮工具"可以绘制出第二张原画，这里提示一点：为了让第二张原画和第一张原画之间留有空白时间段，所以要先在第 2 帧按"F7"插入空白帧，进行隔开，然后在第 12 帧位置同样插入空白关键帧，如图 4-2-36 所示。

图4-2-36　原画绘制2

　　按照同样的方式绘制出原画3，如图4-2-37所示，这一张是在第24帧位置进行绘制。

图4-2-37　原画绘制3

　　最后把原画4也按照相同的办法绘制出来，如图4-2-38所示。一般情况下，画逐帧动画，都会有专业原画师绘制出原画，然后再用Flash进行加画。这一帧是在第30帧位置处绘制的。

图4-2-38　原画绘制4

在时间轴上把原画绘制出之后，就可以按照运动规律等知识进行加画绘制，同样，在进行加画绘制时，需要打开"洋葱皮工具"，这样在对位等方面都比较方便。

先来看一下绘制完四张原画的时间轴样式，如图4-2-39所示。

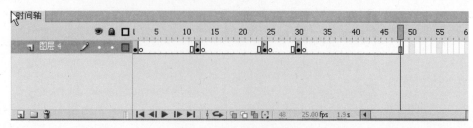

图4-2-39　时间轴样式

看到时间轴上这几个原画位置后，需要开启洋葱皮工具，在原画之间进行逐帧绘制，这里所说的逐帧不是把每一个帧一个接一个地绘制出来，而是根据角色的动作和节奏来绘制，当然有的时候为了确保动画的流畅性，也可以把相同的帧进行复制，这样就不会有缺帧现象。这里提示一点，有时候为了确保原画和加画的修改，可以把加画另起一层来绘制，方便以后修改，如图4-2-40所示。

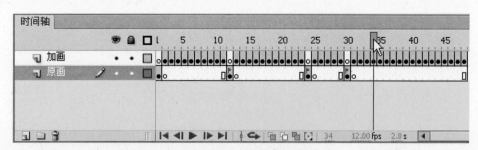

图4-2-40　时间轴样式

这样就可以把整个动画绘制完成了。

本章小结

通过这一章节学习，初学者已经基本掌握在Flash中制作简单动画的原理和技巧，要想把Flash动画学通，成为高手，还需要对各个知识点进行举一反三地练习，只有这样才能在日后工作中取得事半功倍的效率。掌握如何在Flash中制作形状动画、遮罩动画与逐帧动画，才能熟练地运用这几种动画效果灵活创作出各种动画效果。在以后的制作中会经常用到各种动画运动类型，所以学习好本章内容是非常重要的。

第 5 章　Adobe Flash 经典案例设计

本章节内容相对以实践为主，读者在本章节可以学习到有关各种实际案例的设计思路和操作方法，特别是在技术和知识点上，把相关知识点交织在一起形成一个完整的 Flash 项目。通过制作项目，学习者可以体会和学习到在不同项目上有着不同知识点的使用技巧。每个知识点都会被合理利用，把前几章节知识点完整融合。针对实际项目实际分析，难度也会逐渐加大，在难易程度逐渐提升的同时对绘制质量也有了更高的要求。

5.1　经典案例：日式角色绘制

日式漫画的人物身体和四肢比较接近真人，头和眼睛显得比较大，鼻子和嘴巴则比真人小，有各种颜色的头发。对人种特征甚至是性别的描绘较为模糊。年龄大多设定在青少年阶段，因此脸的轮廓和皱纹相对较少。这些设定在 ACG 作品已成为一种公认设定，根据美国专家考证其始于 18 世纪某个日本漫画家之手，然而这种概念一直到 1960 年才在日本正式成形。所以，《哆啦 A 梦》《鬼太郎》和《蝶螺小姐》虽属日本漫画，但在画风上比较偏向于卡通，和上述的公式相比还有些差异。日式漫画的人物结构有：三头身（幼年）、五头身（萝莉，正太常用的）、六头身（15~17 岁）、七头身（高中生）。

5.1.1 角色分类

在 Flash 动画制作中，角色设计这一项不是按照角色个性来分类的，而是按照角色在整体故事中的风格来分类，也就是说整体动画故事剧情是什么风格，那么动画中需要的角色就归属到什么风格中，比如说有的故事剧情是针对于小孩子的，那么整体角色设计的风格就要趋于 Q 版设计；有的故事剧情适合拍成动画电影，人物应以写实类人物为主。每一个角色都要整体符合故事剧情需要来完成。比如针对小孩子的动画有《喜洋洋灰太狼》，如图 5-1-1 所示。

有的动画主要针对青少年及成人，那

图5-1-1　灰太狼角色造型

么在角色设计上就要趋向写实类风格，如图 5-1-2 所示。

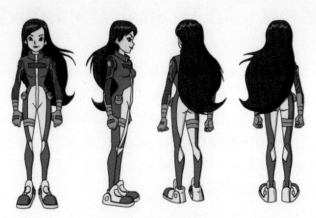

图5-1-2　写实比例造型

每一个动画项目都会有其相应风格的卡通角色，从整体趋势来看，美国动漫角色往往以健壮外形，棱角分明的线条来表现，如图 5-1-3 所示。而日式卡通角色往往以角色眼睛夸大，线条流畅等特点表现。日本动画角色突显可爱，而美国则突显现实。

图5-1-3　美国动漫造型

5.1.2 角色绘制技巧

角色设计就像一位难缠的怪物；虽然过去我们所知道的知名卡通角色都有着看似简单的造型，但这些极简造型都是经过了数小时的不断研究，才创造出那些经典迷人的角色。

从早期米老鼠知名三只手指头的手掌设计（1920 年会做出这样设计，单纯只是为了减少动画制作时间）到极简又不失细腻的辛普森家庭，角色设计在很多时候所追求的就是"简单"。但是这样的"简单"除了需要拥有干净的线条以及辨识度高的造型之外，我们还需要什么样的知识去设计角色呢？这些知识可以让读者清楚地了解到，什么时候该夸张化或收敛一点；该在角色身上增加什么样的设计才能加深它的背景与深度。从无到有的过程通常都是最棘手的阶段，但是一旦有小小的概念的时候，以下这几点建议将使你设计的角色活过来！

1. 搜寻与分析（Research and evaluate）

试着分析一些知名的角色，分别拆解出它们成功以及不成功的角色特色。目前市面上到处都有找不完的参考数据，插画造型的角色到处都是，如电视广告、麦片盒子、购物广告牌、水果上的贴纸、手机里的小动画等。试着分析这些角色，然后开始归纳出它们成功吸引你的特色。

2. 设计与计划（Design and plan）

这种角色将会通过哪些媒介（或媒体）展示出来？这将影响到此角色设计过程与思考方式。例如，如果这名角色最终呈现方式是在手机上，就不会花太多时间去做如同电影般那样错综复杂以及过多的细节。正如 Nathan Jurevicius 所说的"无论在任何的媒体与媒介上，所有的角色创作过程都是纸、笔、茶……一堆缩略图、写下所有的想法、涂鸦，以及反复修改的草图。"

3. 它的观众是谁（Who is it aimed at）

想想你的观众。角色如果是以孩童为目标，你可能会使用圆型为基础形状与较亮一点的颜色。如果你是帮客户设计，通常都事先规划好特定的观众族群，Nathan Jurevicius 解释道："这样的角色虽然比较多限制，但创意本身并不会减少。客户提供他们的需求，但他们也还是需要创作者的专业协助。通常我会先针对这些需求进行规划，如一些重点特征与个性。譬如说如果眼睛是很重要的特征，我将会特别凸显这部分的设计。"

4. 视觉冲击（Visual impact）

不管你是创造一只猴子、机器人或是怪物，你可以保证在世界上绝对有一百种相近的创作。你的角色必须给观众一点新鲜有趣以及强烈的视觉风格，借此来吸引他们的注意力。Matt Groening 在设计辛普森时，他知道他必须提供给观众完全不同的感观。所以他所设计的奇特是黄色皮肤，他认为可以成功抓住观众在转台时的注意力。

5. 线的质量与风格（Line qualities and styles）

往往都可以透过你所画出的线条形状来描述这个角色。粗的、柔软的以及较圆弧的线可能暗示着它较容易亲近以及可爱的角色，相较起来尖锐、粗糙或是不平均的线都代表着他是个难缠又难搞的角色。Sun Ehlers 所创作的角色通常都是用较粗外框线，而且感觉上它们好像都在画面上跳舞似的。他的涂鸦就如同他所说的"绘制涂鸦就是一种坚决的绘笔流动，对我而言，力量与节奏是创造出一条强而有力的线条的要件。"

6. 夸张的角色特征（Exaggerated characteristics）

将主要角色特征夸张化将会凸显他的重要性。这样的夸张特色将会让你的观众轻而易举地指出他的关键品质。特征夸张在粉刺刺画（Caricatures）里是十分常见的，它能够帮助画家强调这名角色的人格特质。如果你的角色是一位强壮的角色，千万不要只帮他设计一双普通的手臂，大胆地强化它们，这样这名角色就可以拥有五倍大的手碗！

7. 上色（Colour me bad）

颜色可以帮助表达一名角色的个性。比较典型地，通常用深色例如黑色、紫色及灰色等描述一名有着恶毒诡计的坏人；而鲜明的颜色如白色、蓝色、粉红色及黄色则可用来表达出无辜、善良以及纯真的特色。而在美式漫画中，红色、黄色以及蓝色的配色可能让角色拥有英雄特质。

8. 加上装饰（Adding accessories）

服装与饰品可以帮助加深角色的背景与人格特质。举例来说，贫穷的人物身上穿的破旧衣服，没有品味的有钱人身上穿戴金光宝石。有些时候饰品可以比文字更加描述角色个性或遭遇，像时常看到的在海盗身上的鹦鹉或是食尸鬼的骷颅头里的蛆。

9. 第三维度（The third dimension）

有些时候你必须设计这名角色各个角度的样子，这取决于你计划让你的角色做什么。一个平淡的角色从侧面看起来可能显示出不同的个性，比如他有一个大大的啤酒肚的话个性特征就会明显很多。如果说你的角色最终将出现在一个三维世界里，不管它是一段动画或是一个实体玩具，把他的身高与体重以及物理性状设计出来都是非常重要的。

10. 传达角色个性（Conveying personality）

往往光靠有趣的造型还无法塑造出一名成功的角色，它的性格特征也是十分重要的一环。通常一个角色可以透过漫画或是动画剧情的铺成，使他个性慢慢被展示或突显。你的角色个性并不需要总是得到观众的认同，但是他必须非常有趣（除非你的角色是一名没有感情的玩偶）。此外，角色个性也可以通过绘制的方式展示出来。

11. 发挥自己 (Express yourself)

各式各样的表情可以帮助你的角色展现多样化的情感，不管它是描述正面还是负面的情绪，都会将你的角色发挥得更出色。依据他的角色性格，它的情感很有可能是变质，夸大扭曲或是非常夸张。其中一个很经典的例子是，Tex Avery作品里面的那只大野狼，他的双眼总是在最兴奋的时候从脸上跳出来。另一个不错的例子是总是面无表情的 Droop，完全不会看到丝毫的情感出现在他的脸上。

12. 目标与梦想 (Goals and dreams)

促使角色产生性格往往都来自于在它背后对于达成目标那股执着的力量。这个内心的渴望可以是想要成为最富有的人 , 或是一位美丽的女友，或是解决一个谜题。这样的欲望可以让你的角色有着戏剧性的发展，并让观众更加相信他所面对的挑战。往往最吸引人的地方就是不完美的个性。

13. 创作背景故事 (Building back stories)

如果你的角色是存在漫画与动画中，创作一个有深度的背景故事显得很重要。譬如说他从哪里来，或是他经历过什么重大事件，这些都会加强角色本身的可信度。有些时候这些背景设定的故事，会远比现在角色所面临情况更加有趣，当然也有例外，如星际大战前传。

14. 快速绘图 (Quick on the draw)

在设计与绘画角色时千万不要害怕尝试或是跳脱出传统的限制，往往会发现在这样的挑战下都会出现意想不到的惊喜。艺术家 Yuck 在创作他的角色时，从来都不是很清楚他会创造出什么样的角色，他的创作会随着他当时所听的音乐以及心情变化（可爱或是古怪）而变化，他必须先在角色中找到乐趣才开始针对各个角色特性去作设计。

15. 磨练，规划与抛光 (Hone, plan and polish)

与其毫无思绪地随意描绘角色，Nathan Jurevicius 通常都会花许多心思思考这个角色在平面 2D 之外的发展，譬如说，这名角色在不同的环境或是世界里，会有什么样的表演与说话的方式。

16. 随地取材 (Drawn in mud)

使用一流的设备或软件是会有某种程度的帮助，但在角色早期设计时并非必需品。许多知名的角色都是在没有计算机的情况下诞生的，那时的 Photoshop 只是一个活在幻想中的工具。我们所设计出来的角色在只有纸跟笔的情况下也能完美表现他的特征，如同 Sune Ehlers 所说"实时用泥巴与树枝还是能够画出你角色。"

17. 真实环境中创作 (Real–world drawing)

"I Like Drawing"的 Ian 用计算机和手绘本创造出他的很多角色。手绘本可以让外在的环境去影响他的作品，他非常喜欢这些外在要素与他角色互动。他常常让这些外在环境激发他一个概念，然后在慢慢的让他那颗怪异的脑袋去发挥剩下的构想，相较起用计算机创作，他个人偏好在室外用纸笔画图，因为手感非常好而且常常会有意想不到的事发生。

18. 解放野兽 (Release the beast)

把自己所创作出来的作品给他人观看，并寻问他们的意见。不要只问他们喜欢还是不喜欢，重要的是弄清楚他们是否有抓到角色特质以及个性。寻问适当的观众观赏你的作品，要求他们给予详细的意见。

19. 角色深层 (Beyond the character)

这部分跟创作角色历史背景一样，你必需创造出一个环境可以增加角色的可信度。角色所居住的环境以及他所接触的对象必须符合角色本身的设定或是他的遭遇。

20. 细部修饰 (Fine–tuning a figure)

不断地询问自己的创作重点，特别像是脸部特征，一点点变化都可以大大改变这个角色的辨识度，插画家 Neil McFarland 建议要不断地思考角色这两个字所代表的意思。你必须为这些角色带入生命，让他们受人喜爱，施展一些魔法在它们身上，使他们能够被观众想象，而这些魔法将会使你的角色从平面设计中脱颖而出。

以上这 20 个技巧是对角色设计总结出的一些技巧类的东西，只有不断研究和专研才能够设计出好的角色造型。

下面用一个案例来演示一下在 Flash 中，怎样绘制一个日式卡通角色。

新建 Flash 文档，在舞台开始绘制。首先从图中可以看出这个角色是一个两头身的 Q 版角色，所以还是需要先在舞台上制定出大致的位置，便于绘制时得到基本比例。利用标尺工具进行定位，如图 5-1-4 所示。

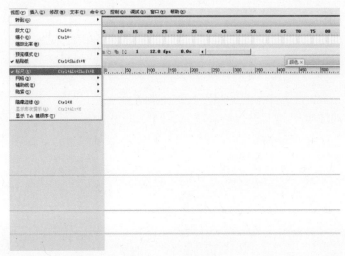

图5-1-4　建立标尺

开始绘制角色的头发部分，因为这个角色是要应用到动画中去的，所以在绘制设计中，进行了细致的分解绘制，为了使头发部分更为立体，把头发分成三个部分，由三个组来组成，如图 5-1-5 所示。

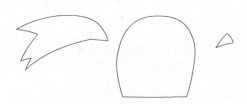

图5-1-5　绘制头部

利用"油漆桶工具"进行颜色填充，并进行逐个打组，如图 5-1-6 所示。

图5-1-6　绘制头部上色

利用"直线工具"绘制脸部，如图 5-1-7 所示。

图5-1-7 绘制面部

利用"油漆桶工具"进行色彩填充，同时改变角色脸部边缘线颜色。填好颜色后打组，如图5-1-8所示。

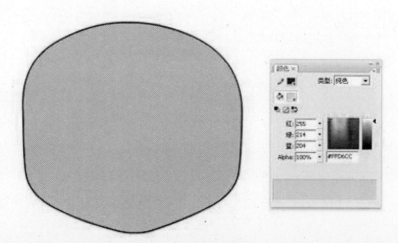

图5-1-8 绘制面部上色

绘制女孩的五官，绘制方法同样是先绘制眉毛、耳朵、鼻子、嘴和红脸蛋。利用"直线工具"先绘制出轮廓。提示：如果在绘制时，发现有对称物体，可以先绘制出一个，再进行复制，如图5-1-9所示。

图5-1-9 绘制五官

利用"油漆桶工具"进行颜色选取和填充。提示：这里绘制的嘴部使用先绘制轮廓，填充颜色，再删除部分边缘线的顺序，主要是为了让嘴部填充色彩后能够与脸部色彩合为一体，如图5-1-10所示。

图5-1-10　绘制五官上色

开始绘制角色的眼睛部分，设计角色眼睛部分时先考虑到，因为是Q版角色的女孩形象，所以在眼睛的绘制上，尽可能地设计相对较圆。这样设计看起来更为可爱。同样，使用"直线工具"和"椭圆工具"来绘制，绘制好后把一个眼球进行打组，如图5-1-11所示。

图5-1-11　绘制五官上色

头部设计完成后绘制身体部分，身体部分为了以后的动画使用，同样也要分成若干部分，先来绘制身体的主体部分。身体可分为脖子、背带和身体三个部分。利用"直线工具"分别绘制这三个部分，如图5-1-12所示。

图5-1-12　身体绘制

绘制女孩的胳膊部分，绘制时，同样要遵循后期制作动画的基本原则。而且女孩的比例相对较短，所以在这里把女孩的胳膊分为三个部分绘制，如图 5-1-13 所示。

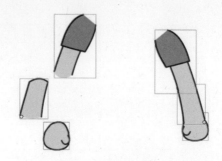

图5-1-13　胳膊绘制

这个步骤绘制女孩的腿部，女孩的腿部比一般女孩的腿部要短的很多，但也要分成两个关节，这样可以保证角色的后期动画部分。利用"直线工具"来绘制，用"油漆桶工具"来填充颜色，如图 5-1-14 所示。

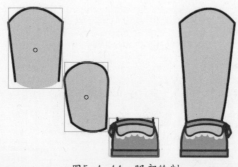

图5-1-14　腿部绘制

5.1.3　角色整合

经过上面几个制作环节后，最后需要把当前这些已经绘制好的元件关节或者组关节组合在一起，如图 5-1-15 所示。

图5-1-15　组合人物

这里提示一下：一般情况下这些元件都会放在一个元件内部，这样不论是在库里还是在舞台上，都比较容易进行修改和处理。

其他动画角色也一样，都需要这样进行前期绘制，把各个部位都绘制出来。特别是未来要从事 Flash 动画角色设计，更要注重角色各个关节的设计，角色关节设计对未来角色动画有着至关重要的作用。

5.2 经典案例：电影级角色绘制

电影级动画角色设计的原则，动画是运动的画面，运动是它的本质。动画之中主要运动的就是角色。根据动画角色的特性，我们来总结电影级角色造型设计必须遵循的原则。

第一是电影级动画是连续的画面，要让动画中的角色运动起来，在传统的二维动画制作过程当中，就得画很多张角色连续的动作。因此动画角色造型设计首先要求的是简捷，这个原则是由动画的性质决定的。不管是二维动画还是三维动画，角色都要求以简捷为主。尽管有些三维动画中的角色看上去很复杂，那是由于三维动画制作过程中的贴图运用所致。由于三维电脑图形图像制作技术的发展，有些三维动画角色设计也相当细致，就像《最终幻想》的制作，还有暴雪的一些游戏片头制作，那需要耗费大量的成本，但不是普遍的现象。有的实验动画中的角色设计得也相当复杂，如二维动画《老人与海》中的人物，其实也只是极少数。普遍的动画角色造型设计都以简约、快捷为主。

第二是电影级动画角色造型设计应典型、生动且有代表性。动画片中的角色只有具备一定的典型性、生动性和代表性才能吸引观众，才能引起人们的共鸣。具有鲜明的性格特征和生活情趣的角色造型不仅让人们永远记忆犹新，而且有着持久的生命力和感召力。我们熟知的角色米老鼠、哪吒、史努比、龙猫、喜洋洋等，它们都具有鲜明、典型的性格特征，几乎成为一个象征性的符号，蕴含了人们的思想、习性、文明等。具有鲜明特征的角色造型设计应在角色的外貌特征、服装、行为方式、道具等方面都有相应的识别性。角色设计者的思考不仅是在造型设计上的，还应该包括对接受群体的心理研究、审美观等的思考，再用视觉方式进行表象和审美上的完善，以图画的形式呈现出来。这就需要设计师们具备社会学、心理学等广博知识。

第三是电影级动画角色造型设计应美观。动画属于视听艺术，画面是动画的主要组成部分。人们观赏动画要得到视觉的享受就得有美观的画面。优秀的动画角色设计可以给观众以美的享受，设计精美恰当的角色才能将情节表演的更为生动、精彩。角色的美观体现在比例上，动态上，色彩上，体现出一种整体的美。动画片的角色不仅是动画创作的外在美，更要体现主题思想的内在美。中国经典动画片《哪吒闹海》中的造型是著名画家张仃先生设计的，不管是角色的造型设计，还是每张画面的审美都力求极致。有些动画片，如新海诚的《秒速五厘米》则以唯美风格赢得众人称赞。

第四是电影级动画角色造型设计应具备独特风格。"风格"一词在汉语中最早见于南北朝，指人的风度品格，用以说明一个人的个性气质或行为方式。所谓艺术风格，则主要是指"艺术作品在内容与形式的统一中体现出来的整体特征"，它是通过艺术品表现出来的相对稳定、更为内在和深刻、从而更为本质地反映出时代、民族或艺术家个人的思想观念、审美理想、精神气质等内在特性的外部显现。艺术创作是一种带有强烈个人风格的创造活动，艺术的无限魅力就存在于其作品的独特风格之中。角色设计反射创作者的角色设计思维、审美意识以及个人的艺术语言的追求。动画造型艺术设计凝聚着艺术家的造型艺术观念、设计思维、审美取向以及个人所追求的"艺术个性"，构成了动画造型艺术的恒久生命力。

5.2.1 电影级角色性质

我们根据电影动画角色造型设计的原则和其本质来总结角色造型设计的方法，主要从以下几个方面来具体分析。

1. 注意角色特征的表现

在动画片当中，不同的角色有不同的特征。首先是自然形象的夸张，这其中包括头像的夸张、神态的夸张、形体的夸张、服饰的夸张、色彩的夸张、性格或动作的夸张。角色的外貌特征、服装、行为方式、道具都应该有相应的识别性。如《大闹天宫》中孙悟空的戏曲脸谱的运用就具有典型的中国特征。其次角色的心理特征也是有很大差别的。就像日本动画、欧美动画的角色可以让人一目了然。没有特色的角色肯定就意味着流于平庸和千篇一律，就不可能给观众以深刻的印象和巨大的感染力。

2. 使用造型语言使形象有审美高度

动画属于视听艺术，画面是动画的主要组成部分。人们观赏动画要得到视觉的享受就得有美观的画面。我们设计的造型除了具有其他的要求外，在视觉效果上要尽量美观，这就要求造型语言要有一定的高度。特别在二维动画中，线条的流畅对角色的形态的塑造美感能起到很大作用，线条的匀称、整洁、流畅是构成角色美感的重要因素。其次就是色彩的整体感、协调关系的处理和气氛的处理。审美感受的动因和目的是情感的表现化，它使整个审美感受过程的心理活动都融汇在情感的体验之中。

3. 创作者独特的电影级造型风格的融入

不同艺术家的艺术作品都会融入不同的创作情感和表现手法，这样必然会创作出风格迥异的艺术作品。创作者根据自己个性化的情感和独特的造型语言来设计的动画角色具有独特的艺术风格。情感是人们在社会实践中，在认识和改造世界过程中产生和发展的一种极其复杂的高级精神活动，艺术家常常具有独特的情感世界。艺术语言是情感的反映形式，情感是艺术语言运用的内趋力，它是创造艺术语言最重要的因素，它激活审美感受。个性化艺术语言价值的实现就在于打破语言的局限性，使话语充分体现出艺术魅力。娴熟地运用自己钟爱的造型语言来创作动画角色，艺术的无尽魅力存在于其作品的独特风格之中，而风格的独特性，主要来源于个性化的创作手法。动画角色设计的过程无疑就是在创作实践中将自己独立的艺术观念、创造性思维、审美意识以及个人的艺术追求进行最集中的体现和展示。事实上，一部风格多样的动画艺术发展史，离不开那些天才艺术家们极富艺术个性的艺术创造。

任何事物都有一定的规律和秩序，在摸索动画角色造型设计时总结原则和方法至关重要。要设计出好的动画角色造型，必须遵循一定的原则，在遵循一定原则的基础上，根据动画的本质摸索出一套好的方法。

5.2.2　电影级角色绘制技巧

下面来通过一个实例了解一下电影级动画角色的质感和制作流程，同时也会发现角色绘制精度的提升之处。

第一步新建一个 Flash 文档，然后利用铅笔工具配合手绘板来绘制一个简单的单线条的女孩头像轮廓，画的时候最好把阴影线也一并画出来。提示：在画线稿的时候，一定要注意所有线条都要封闭，否则就会给后面的上色工作增加麻烦。如果发现绘制的线条不够圆滑，可以使用工具栏里铅笔对应的辅助选项栏，选中要平滑的线条，进行点击平滑，如图 5-2-1 所示。

图5-2-1 绘制人物

　　利用"油漆桶工具"进行颜色填充，先填充整体颜色，也就是皮肤颜色和头发的颜色。提示：如果发现"油漆桶工具"填充不上颜色，可能是因为线稿出现未封闭区间，解决办法就是开启封闭中等空隙或者封闭大空隙来解决，如图5-2-2所示。

图5-2-2 绘制人物上色

　　把女孩头像的固有色上完以后，下面需要做的就是开始深入描绘女孩的眼睛。因为已经画好眼睛的轮廓线，这一步需要利用"油漆桶工具"，选择"渐变"对眼睛进行上色。提示：渐变工具已经在基础知识中介绍，一般情况下渐变颜色不要过多，如图5-2-3所示。

图5-2-3　眼睛上色

瞳孔颜色填充好后，接下来是瞳孔周边的颜色，如图 5-2-4 所示。

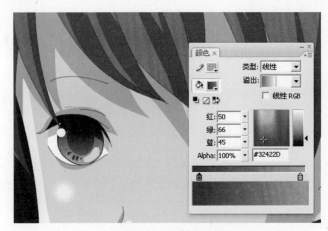

图5-2-4　瞳孔上色

下面利用"渐变工具"来给女孩进行头发高光的色彩绘制，高光绘制一般都会选择单色，但是为了更好地表现头发的光泽，这里同样采用"油漆桶"填充渐变，如图 5-2-5 所示。

图5-2-5　头发上色

局部描绘，为了让角色看起来可爱，同时为了丰富角色头部，我们在角色耳部添加红色耳钉，如图 5-2-6 所示。

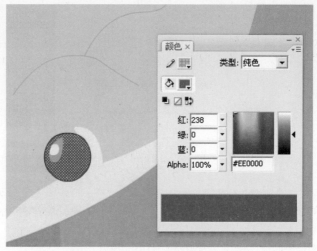

图5-2-6 局部上色

接着把画好的图形全选，并转化为影片剪辑元件。提示：转化为影片剪辑元件的快捷键是"F8"，并选择影片剪辑，如图 5-2-7 所示。

图5-2-7 转换元件

然后把转化好的影片剪辑"Ctrl"＋"C"复制出一个，在原位粘贴一个"Ctrl"＋"V"，单击这个后复制的影片剪辑元件，为该角色增加影片剪辑元件滤镜属性。提示：影片剪辑的属性特效都在其对应的滤镜属性栏，如图 5-2-8 所示。

图5-2-8 添加影片剪辑滤镜

为影片剪辑添加模糊滤镜，参数如下，提示：增减滤镜直接点击左上方的加减号，如图 5-2-9 所示。

图5-2-9　滤镜参数设置

然后选择属性栏，调节影片剪辑元件的混合选项，选择叠加。提示：使用此效果和在 Photoshop 中使用的效果一样，如图 5-2-10 所示。

图5-2-10　叠加设置

在这一部分，世界上一些顶级的角色设计专家将分享他们在角色设计中重要的"要"和"不要"。

没有所谓的空穴来风，这是句老话，但对于角色设计来说，却非常到位。角色设计需要一个故事、一个世界以及一个目的。

一旦你明白这个，你就要问自己：她／他／它的身体应该是怎样的呢？有牙齿吗？需要什么附属物吗？从这些开始，你可以逐渐发展出一个令人信服的角色——剩下的就是技术活了。

当然，有很多重要的技术可以应用于各种设计，包括：简化事物；确保有清晰的剪影；从普通形状开始再逐步细化。虽然他们都很有价值，却也不是金科玉律。有时一个好的设计需要你避开自己的潜意识。

下面我们将提到一些角色艺术家，他们将用自己独特的表达方式分享自己的经验，他们的共同点在于都对自己设计的角色充满了信心。经验很简单：如果它对于你是真实的，那么将有很好的机会让其他人也相信它。

要做到

1. 刻画出他们的心理特质

充分利用心理学家告诉我们的人与人之间是如何发生反应的知识——例如娃娃脸效应以及五个人格因素。这五个因素是开放性（Openness）、责任心（Conscientiousness）、外向性（Extraversion）、合意性（Agreeableness）、神经质（Neuroticism），或者记住海洋的英语单词 OCEAN。

——美国纽约副教授 Katherine Isbister

2. 利用矛盾

将矛盾带入你的角色。一个长着圆圆的牙齿、大而圆的眼睛的吸血鬼会看起来很可爱，有着你所预想所不同的风格。尝试给你的创作对象增加一些附属物或配饰，让他们显得更有自己的特点以及更像人类。

——法国巴黎插画师及图像设计师 Jacques Bardoux

3. 从涂鸦开始创作

我的很多插画都是来源于信手涂鸦。通常正确的线条都是在很多次尝试之后得到的。我的角色 Pupetta 就是这么不知不觉产生的。不停地画草图，画一条曲线变成了袜子的边，然后是手的形状和睫毛的末端。

——意大利摩迪纳图像设计师及插画师 Maria Vittoria Benatti

4. 使用实验器材

我用头骨作为实验各种风格的主要器材。如果我在尝试一些新的东西，那么我就会用它来试试。今年（2012）初我在实验 Kaiju 怪兽风格，最后弄出来一个

T恤设计，而且它还颇为流行了一小段时间。

—— 英国莱斯特图像设计师及插画师 Nick Carroll

5. 露出一些牙齿（尝试各种可能）

如果当一个角色的嘴闭上时，你还可以看见他的牙齿，那它看起来会很有趣，这让它显得傻傻的。用简图画出你能想到的尽可能多的变化，然后通过它们逐渐刻画出角色不同角度的样子以及不同的表情。

——英国布里斯托尔自由动画导演 Stefan Marjoram

6. 想想它如何移动

运动是我首先要去想象的事情之一，也是我的一个很好的灵感来源。一个角色的运动几乎完全是由它的解剖结构决定的，所以思考它是如何移动的能够为你提供一些设计它的框架以及个性的线索。

——英国米沙姆（Measham）资深概念设计师 Ryan Firchau

7. 把玩颜色和渲染器

这对于角色的个性有很大的影响。不妨玩一玩不同的线条粗细、对比，以及不同的填充选项——无论你是想要一个复杂的渐进效果或者是简单、平实、单色的真实 3D 渲染，还是具有冲击力的大胆的图像效果。

——英国谢菲尔德设计及插画二人组 TADO

8. 画出你的童年

我的很多角色都来自于我童年的记忆，那时候每个人都有一些卡通的特点。我猜想这其实是我面对社会的一种方式，因为在那里并不是每个人都是友好而善意的，我便将他们简单的想象成卡通角色，于是许多记忆便留在我的脑海中。

——美国波特兰插画师及设计师 Alberto Cerriteo

9. 懂一些底层原力

我发现认真研究动画的骨骼结构真的是很有帮助的。去看看不同类型的下巴和头骨。根据我的经验，你多半会发现一些有趣的东西，它们可能成为你开始角色设计的灵感火花。

——奥地利 Steiermark 产品及角色设计师，Florian Satzinger

10. 掌握一点生物学

生物学上的一些小变化就可能产生很广泛的影响。一个简单的例子是"如果下巴没有进化会怎样?"这个问题就足够让我忙一阵子了。它实际上包含了角色的任何方面,包括躯体的规划、运用以及它感官系统的解剖都要变化。

不要做

1. 不要重复创作 Frankenstein

不要将两个或者更多的动物安排在一起,并且还期望它们看起来像一种可信的生物。微妙的差别是可信的关键。想要让你的观众与你的角色相通,他们就需要感到自己能够理解他们所看见的东西,感到他们对你的角色似曾相识。

2. 不要受限于常规

不要让自己受限于只画那些经典的科幻生物,任何东西都可以变成一种生物。你只需加上眼睛、嘴和手臂。尝试去将汽车、树和电视变形成某种生物:拟人化是创造一个原创的图像世界的关键。

——法国巴黎插画师及图像设计师 Jacques Bardoux

3. 不要画蛇添足(不要豆子上弄些纹路)

豆子的形状很简单,这些简单的形状——方形、三角形、圆形——却很强大。我们很容易从它们的剪影就认出它们,这在动画阶段是很棒的。而不好的一面是,有时人们会觉得它们看起来像阳具,于是写信给 BBC 进行抱怨。

——英国布里斯托尔自由动画导演 Stefan Marjoram

4. 不要太像实物

经典的迪士尼画师们常谈论如何让他们的角色具有类似人的特点,以及他们不得不让像蛇这样的东西显得很可怕但又不是太吓人有多难。例如,在《森林王子》中,Kahl 让蛇的舌头是红色的,就像人的舌头。

——美国纽约副教授 Katherine Isbister

5. 不要修正你的比例

试试不同的形状和比例,这能将一个角色变得很可爱,典型的例子是一个大脑袋配上一副小身板和四肢的角色。打破条条框框去尝试各种不同的比例可能会更加有趣。

——英国谢菲尔德设计师级插画师 TADO

6. 不要过分使用"如果……会怎样？"

绝大多数动物具有两个特征：集中化（主要的感觉和沟通器官都集中在头部）和两侧对称（左右两侧基本对称）。对这些特征做出改变的话观众可能要很费劲才能辨识（identify）你的角色。

——美国达拉斯自由插画师 Helen Zhu

7. 不要使用过多的颜色

强迫自己使用几种颜色工作会让你在处理色彩的过程中提高探索新事物的能力，例如添加纹理。最后结果总是在简单和复杂之间得到很好的视觉平衡，产生一种原创的效果。

——美国波特兰插画师及设计师 Alberto Cerriteo

8. 不要把色彩放在第一位

对我来说，颜色并不是必须的——角色图画即便只是用黑色线条渲染出来也应该是可用的。但是当我使用颜色时，它们能够帮助传达角色的个性，例如，粉色和红色意味着女性的、可爱的角色。

——意大利摩迪纳，图像设计师及插画师 Maria Vittoria Benatti

9. 不要缺乏演化 (evolution)

不要玩得过分，比如把一个把狮子面包放在鸡的尸体上或者类似的东西。想想演化：发明你自己的演化路径，记住你在设计一个具有典型（却不是一成不变）品质的独一无二的个人，这些品质只有这个角色才拥有。

——奥地利 Steiermark 产品及角色设计师 Florian Satzinger

10. 不要小看标志性符号

骷髅头是人人都想痛殴的文化符号之一，因为它所表现的叛逆特性。当你解构我设计的骷髅头，会发现它就是一些圆圈和一个倒置的心脏，我用简单的线条将这些形状连接在一起，就组成了那个样子。

——英国莱斯特图像设计师及插画师 Nick Carroll

5.3 经典案例：宇宙飞船动画

在这一节中，主要讲解利用图形元件和影片剪辑元件完成制作一个动画镜头，通过这个案例能够学会元件的运用方法及相互结合的运用方式。在以后Flash 项目制作中，常会用到图形元件与影片剪辑元件并用的情况，知道该如何使用图形元件，什么时候该运用影片剪辑元件，怎样运用元件来完成动画镜头制作。

5.3.1 动画前期准备

为了让读者能够更好地了解和掌握其制作流程，先来看一下这个案例完整状态是什么样的。也就是先看结尾，分析出该案例都需要准备哪些素材，如图5-3-1 所示。

图5-3-1　镜头效果

从上面这个镜头可以看出，在这个案例动画镜头中，一共有以下几样素材是需要在 Flash 软件中绘制出来备用的。一个蓝色背景、一道银河、一个 UFO 飞船和一个带有模糊效果的星球。知道有这几样物体后，就可以根据要求和样式进行绘制了。

首先，绘制出一个星球，如果从镜头中看，不难看出，这个星球被处理过，也就是使用过滤镜。而在 Flash 中能够使用滤镜功能的就是影片剪辑元件，所以需要新建一个影片剪辑元件，然后在其内部绘制出一个星球图形，这个星球可以使用笔刷工具和椭圆工具共同绘制，如图 5-3-2 所示。然后退后到舞台，把这个星球影片剪辑元件放在库中备用。

图5-3-2　镜头效果

再新建一个图形元件，命名为银河。在这个图形元件中，利用笔刷工具绘制出一条银河带，绘制好后把当前这条银河带全部选中，按"F8"把这个元件命名为星星，然后在这里做一下图形元件位移补间动画，如图 5-3-3 所示。做完后退回到舞台，把这个元件也放在库中备用。

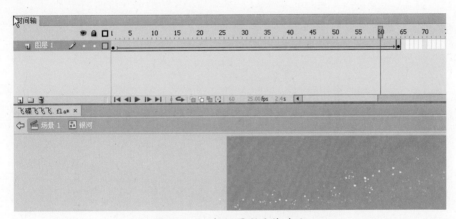

图5-3-3　银河图形元件动画

下边要制作一个比较关键的小元素，就是 UFO 飞船。在制作动画中，为了让飞船看起来飞行更有趣、更好玩，会设计小火苗上下弹出动画，同时也让飞船左右摇摆。

这时就需要考虑这架飞船都需要哪些零部件组成，能够让其零部件有动画存在，同时动画显得不是很生硬，就需要使用图形元件来当飞船的零部件，后期会用这些零部件来完成补间动画。

先来制作一个火焰的动画，新建一个图形元件，并在内部绘制出火焰效果，如图 5-3-4 所示。

图5-3-4　火焰绘制

　　绘制完火焰后，再新建一个图形元件，命名为火焰动画。把刚刚绘制完的火焰元件放置其中，然后开始制作动画，如图5-3-5所示。提示：让火焰动画效果更好使用补间是必要的，同时一定要在第一帧就把火焰元件的中心点位置调节好。

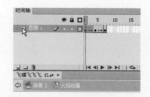

图5-3-5　火焰动画制作

　　把做好的动画放置在库中备用，再次新建图形元件，在元件内部绘制出UFO飞船，如图5-3-6所示。

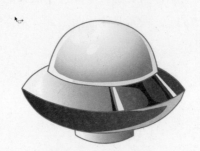

图5-3-6　飞船绘制

把 UFO 飞船元件放置在库中备用，然后重新建一个图形元件，开始制作飞船动画，如图 5-3-7 所示。在这个元件中，把库中的飞船和火焰动画都放置在这个元件中，并按"F5"延长一定时间。

图5-3-7　飞船动画

5.3.2 中期动画制作技巧

为了让飞船动画看上去更有动感，再新建一个图形元件，命名为"飞船飞行状态"，把上边刚刚做完的元件放置进来，并调整角度，使用补间动画完善画面效果，如图 5-3-8 所示。

图5-3-8　飞船飞行状态动画

最后，需要把所有这些元素，分类放置在舞台上，同时进行分层管理。放置后，把飞船飞行状态元件单独放置在一个图层，把星球元件单独放置在一个图层，进行补间动画制作，如图 5-3-9 所示。

图5-3-9 合成动画

5.3.3 后期导出动画

通过这个项目，可以把很多类型元素元件按照正规流程制作完成后，进行统一整体的合成制作动画。在动画项目制作中，往往使用这类方式完成单个镜头动画制作。

最后选中文件菜单，在里边找到导出，导出中有一个导出影片，自定义一个文件名，在保存类型中找到"SWF影片"，这种格式也是Flash默认的动画格式，最后点击"保存"即可。

5.4 经典案例：跳动的汽车

在这个实例项目中，同样使用和上边案例差不多的方式来制作一个案例动画项目，以巩固利用图形元件及影片剪辑元件使用流程和方法。

5.4.1 前期准备

在动画制作前，同样需要准备一些素材和相应元件。只有把这类元素都绘制设计完成，才能更好、更有效率地制作出动画项目。

在这个项目中会出现几个元素，首先制作出这些元素。先来看一下完整效果，如图5-4-1所示。

图5-4-1 整体效果

　　从上面的效果可以看出，里边有一辆汽车、一个背景、一个白色地线还有很多小草。这些都是需要前期准备的元素。

　　首先，新建 Flash 文件，再新建一个影片剪辑元件起名为背景，然后在这个图层绘制出相应的背景，如图 5-4-2 所示。

图5-4-2 绘制背景

　　设计好后，把这个背景放置在库中备用。再新建一个图形元件，命名为草，然后在其中绘制出绿色的草丛，如图 5-4-3 所示。

图5-4-3 绘制草丛

完成后，新建一个图形元件，起名叫做草丛动画，把刚刚上边绘制完成的草丛元件从库中拖拽到这里，并进行动画制作，如图5-4-4所示。

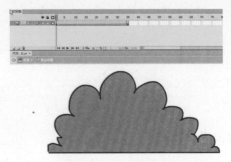

图5-4-4　草丛动画

再新建一个图形元件，命名为车轮，在里边绘制出一个车轮样式，如图5-4-5所示。

图5-4-5　绘制车轮

然后为了能够让车轮可以自转，需要再新建一个图形元件，命名为车轮动画，并把刚刚车轮元件拖拽进来，调整动画，如图5-4-6所示。这里提示一点：要让车轮自转，还需要对补间动画进行设置，设置在属性中。选择旋转属性，车轮才可旋转。

图5-4-6　车轮动画

除了车轮外还要绘制出车身，新建车身图形元件，然后绘制出车身样式，如图 5-4-7 所示。

图5-4-7 车身绘制

再来绘制出和车身有关的另外三件元素，天线、车灯和尾气。这三样都要使用影片剪辑元件来制作，因为他们都是需要循环播放的。先来设计绘制出天线，需要新建一个影片剪辑元件，然后在其内部进行逐帧天线动画绘制，如图 5-4-8 所示。

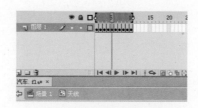

图5-4-8 天线绘制

再新建影片剪辑元件，用同样的方式绘制出尾气动画，如图 5-4-9 所示。

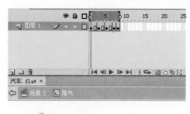

图5-4-9 尾气绘制

接下来是绘制车灯动画，同样也是需要新建影片剪辑元件，然后在里边绘制出车灯效果，如图 5-4-10 所示。

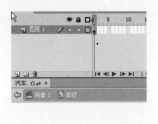

图5-4-10　车灯绘制

然后为了能够让车灯有闪光效果，所以在此新建一个影片剪辑元件，命名为车灯动画，然后把刚刚上边的车灯元件从库中拿出并使用，如图 5-4-11 所示。

图5-4-11　车灯动画

再来绘制出地线，新建影片剪辑元件，在里边绘制出地线，如图 5-4-12 所示。

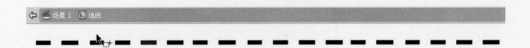

图5-4-12　地线绘制

再次新建影片剪辑元件，放入刚刚那个地线元件，制作动画效果，如图 5-4-13 所示。

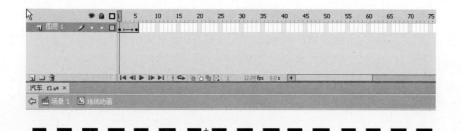

图5-4-13　地线动画

5.4.2　中期动画制作技巧

下面就开始进入到动画制作阶段了，把刚刚那些素材进行组合和制作。

首先组合汽车元素，要想把这些零件都放在一起就需要一个新的元件来完成，在这个步骤前，先来新建一个图形元件，制作一个车身和天线动画。命名为简单车身动画，然后把车元件和天线元件放进来进行动画调节，如图5-4-14所示。

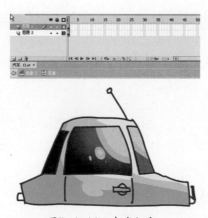

图5-4-14　车身组合

这时再新建一个图形元件，把刚刚这个做完的元件和尾气、车灯、车轮元件都放进来，并把这个元件命名为"车全部"，如图5-4-15所示。并延长一定时间留给图形元件的内部动画。

图5-4-15　整合汽车元素

这部整合完毕后，退后到舞台，分层进行放置元件。在舞台场景上可分为四个图层，前两个图层放置草丛动画，让草丛动画看起来有层次感，把整合完毕的车放置在一个图层，并进行补间动画位置移动动画，最下边一层是背景，主要放置背景和地线动画元件，如图5-4-16所示。

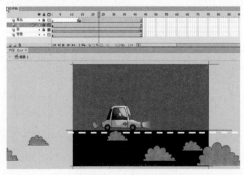

图5-4-16　合成动画

5.4.3　后期导出动画

后期导出动画这里需说明一点，一般情况下，可以直接导出 SWF 动画作为动画项目演示文件，但有些动画公司在后期特效时，需要对人物和场景进行分成导出，那么这个时候就需要在导出设置中，调整保存类型为 PNG 序列图，这样才能适配到后期合成软件中去。

同样，如果类似于上边这种不需要进行后期加工的项目，就无需进行序列图导出等设置，直接选择菜单栏的"文件"—"导出"—"导出影片"。按照上一个项目的导出方法就可以进行导出动画。

5.5　经典案例：角色动画

一部 Flash 动画作品，要有优秀的剧本、台本、精美的造型设计和流畅的画面表现，其中角色的视觉效果较为关键，如果角色造型粗糙或了无新意的话，始终只能是一个业余的作品，专业的 Flash 动画作品，必定在角色动画等方面都有突出的表现。人物的正面走和跑的运动规律和侧面是一样的，只是观察的角度不一样。不管从什么角度观察，人物的走和跑都是由下压、过渡、抬高等这几个基本动作构成。

理解了侧面行走的运动规律后，就不难理解正面行走的规律，不同之处在于正面观察行走，由于是肩部和骨盆的运动，身体左右倾斜比较明显。所以在前进过程中人体头部不仅有高低变化，同时随着身体左右倾斜而产生左右摇摆的弧线运动。了解了正面行走的基本运动规律后，接下来制作一个人物正面走路的循环动画。

5.5.1 前期素材引入

首先来搜集一些资料来作为做角色动画的参考图及相关信息，如图 5-5-1 所示。

图5-5-1　参考图

迈出左腿后人物头部形成的弧线运动，如图 5-5-2 所示。

图5-5-2　参考图

迈出右腿后人物头部形成的弧线运动，如图 5-5-3 所示。

图5-5-3　参考图

正面行走过程中人物头部形成的弧线运动，如图 5-5-4 所示。

图5-5-4 参考图

运动规律中需要注意以下 5 点：

1. 走动时为了使身体平衡，上身是不停地随着运动而扭动的。

2. 在运动过程中肩部和骨盆的运动以相反的方向做运动，所以在运动过程中左臂与左肩向前，则左腿与左骨盆向后运动。腰部随之有明显的扭动。

3. 正面透视比较大，注意用近大远小来表现手脚的前后运动。

4. 手臂向前抬起时略有弯曲，甩动到身后是伸直的。

正面行走过程中肩部和骨盆的运动，如图 5-5-5 所示。

图5-5-5 参考图

正面行走过程中肩部和骨盆的运动，如图 5-5-6 所示。

图5-5-6 参考图

5. 手臂由前到后从头部上方看，也是一个弧线运动过来的。在正面表现中是通过近大远小和与身体的距离来表现这个弧线运动的，如图 5-5-7 所示。

图5-5-7　参考图

5.5.2　角色创建技巧

了解了正面走路的基本运动规律后，接下来制作一个人物正面走路的循环动画，如图 5-5-8 所示。

图5-5-8　角色正面走路参考图

首先新建一个 Flash 文档，在文档属性里设置帧频值为 24 fps，修改尺寸为：550px（宽）×400px（高）。

然后在场景中将人物的各部分分图层绘制，并转换为图形元件，也可直接打开素材文件，如图 5-5-9 所示。

图5-5-9　角色身体元件

5.5.3　角色动画前期准备

将这些部件的中心点调整位置并摆放成如下图所示的效果，如图 5-5-10 所示。

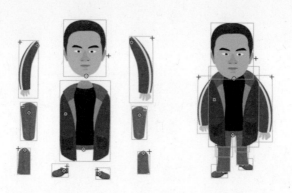

图5-5-10　角色身体元件组合

5.5.4　角色动画制作中期

在第 13 帧插入关键帧，通过"移动""旋转"和"缩放"将手和脚调整成如图 5-5-11 所示的效果。

图5-5-11　角色身体元件动势

在第 7 帧插入关键帧，根据动作 1 和动作 3，通过"移动""旋转"和"缩放"将手、脚、身子和头调整到如图 5-5-12 所示。

图5-5-12　角色身体元件动势

将第 7 帧复制到第 19 帧，让头向另一个方向倾斜，手的位置不动，左右脚的位置进行对换，如图 5-5-13 所示。

图5-5-13　角色身体元件动势

将第 1 帧复制到第 25 帧，选中所有帧创建补间动画，按"Enter"键预览效果。

通过上面的制作可以知道，在 Flash 中制作简单的人物行走动画只需要 4 张原画，当然这只是一种制作方法，在实际创作中需要根据不同的角色和对动作的要求采用不同的方法。

人物在跑动过程中的动作幅度比较大，所以正面观察跑步，要认识到身体的前后运动的透视变化也相对较大。并且由于透视的近大远小，在正面跑步运动过程中人体头部的弧线运动的高低起伏并不明显，如图 5-5-14 所示。

图5-5-14　跑动动势

运动规律中需要注意以下 6 点：

1. 跑步过程中，身体略向前倾。正面观察，跑步时身体由于透视的原因看起来比走路时的身体要短一些。

2. 跑步过程中，看不到脖子或看到少许脖子，这与跑动的激烈程度有关，一般来说，跑的越激烈，身体前倾幅度越大，头部越靠前，所以基本看不到脖子。反之跑的越清闲，身体前倾幅度越小，看到脖子的部分相对越多。

3. 在正面跑步中，头部靠前，所以透视变化比较明显。一般来说，落地时头部要画的相对大一些，而腾空时由于距离的原因，头部要画的小一些。（在半身和头部特写的跑步动画中，表现最为明显。如果不是激烈的跑步运动，头部透视变化基本可以忽略。）

4. 肩部和骨盆的运动幅度更大，腰部扭动更加明显。

5. 手臂前后摆动幅度更大更有力。

6. 腿脚的弯曲幅度比较大，正面表现中，要正确认识大腿和小腿，小腿与脚之间的穿插与透视关系。

除了运动规律，更重要的是注重角色动画本身表演。"动画师是用铅笔来进行表演的演员"这句话虽然已经是老生常谈，但确实是一个真理。动画师的工作不仅是"绘画"，更重要的是"表演"。如果你试图通过塑造一个角色来讲述一个故事，你当然要成为一名表演者。然而问题是，你能否成为一名优秀的演员。我觉得在近几年里，飞速发展的科技使得动画的表演艺术被遗弃了。相较起 Shere-Khan《森林王子》、胡克船长《小飞侠》等这些角色动画的质量，现今的角色显得无趣、呆板，缺少个性。虽然有时候会有一些特别有趣的配音和声优（例如阿拉丁神灯的配音 Robin Williams ）能够挽救这一局面，但在通常情况下，剧本应该对角色的性格塑造担起一部分责任。

我们可以在网络上找到许多关于软件、绘画、纹理，甚至是运动规律的资料，但却很少有机会能够读到关于表演的资料。我从没看到过类似于"这个角色虽然没什么个性，但动画真的很棒"这样的言论，因为这样的期望值未免太低了，只能说动画师没犯什么技术上的错误而已，就好比你会轻易地称赞一位作家仅仅是因为他没有写错别字。

可信的表演对观众来说意味着角色的行为动机是否出自于角色自己本身，而非动画师的意愿；人物之间的感受与想法是会相互影响的，包括他们的个性和行为模式。所以我必须强调，了解人物自身的行为动机才能呈现有说服力的表演。

感觉

这里提到"感觉"的目的不是为了要给感觉下定义（高兴，难过之类的），而是去寻找我们内心深处的感受——或许可以称之为"意识"。当你创造人物角色时，尝试着去"体会"一下角色的感受，不要只是单纯地遵循动画规律和原理去让他仅仅是能动而已。

思考

你创造的人物角色不能永远只是靠直觉就立即想当然地有所行动。你应该去展示他做出决定的整个思考过程，这样才会让你的动画显得丰富饱满、有深度以及可信。

人物的反应

表演可以说是人物与人物之间、人物与环境之间相互作用、相互刺激所产生一连串的连锁反应。人物所做出的每一个行为都必须是有理由的。确定你知道自己的角色与其他的事物所发生的关系和反应，并且确保这些关系必须是合理的。（换句话来说：这个角色之所以会做出这样特殊的举动是有特殊、合理的原因的。）

一致性

人物的性格与他对事物做出的反应应该保持一致性和连贯性。一个性格腼腆的人物（矮小，行为举止显得很羞涩胆小）不会毫无缘由地突然表现得非常地奔放、外向，不然就会毁掉角色的真实性。

人物个性

人物的个性决定了他们对事物和环境所产生的反应——也就是他们的行为。这里我们也没有必要讨论怎么定义所谓的个性，如"自大的""暴躁的"之类的。你只要试着通过了解你家庭成员或者是工作伙伴的性格，来了解你创造的角色性格就可以了。比如说，是什么让他难过？什么让他恐惧？他遇到了什么麻烦？

情绪

情绪和个性很相似，也是对事物和环境产生的反应。不同的是，情绪是临时的，比如说：一个急匆匆地飞奔赶着工作的人，其实平日里会在晚上非常悠哉地去遛狗。

故事板展现一个角色进入镜头，并且怒视着其他角色。你被分配负责这个场景，然后问题来了：这个角色是应该慢悠悠地入镜呢？还是迅速地入镜？是毅然决然地还是迟疑不决地入镜？他是猛地停了下来还是渐渐地停下来？他是知道会有其他的角色在场，还是说他只是恰好出现在这个场景里？他是狂怒还是只是不高兴而已？是哪一种生气呢？不服气的（比如一个孩子对他父母生气）？或者是教训姿态的（比如父母对孩子的生气）？诸如此类或者是其他别的类型。

动画师的工作就是认真地阅读剧本，研究故事板，然后设法"深入"角色。换句话来说就是：去探索角色内心深处的感受，把自己置换到角色的立场去体验——这样他才能了解和明白这个角色。一个好的动画师并不是只会去虚构表演——而是去发现表演。动画师所面临的艰巨挑战就是：如何在把这些经验运用到动画中的同时，仍遵循动画规律。这确实不简单，但是作为回报，你将看到魔法成真的瞬间——这一刻，一切的努力都是值得的。

通过前面的实例知道，在 Flash 中制作"走"和"跑"可以利用"补间动画"来制作中间画，这大大地缩短了制作时间。但这种方法并不是在所有动画中都可以运用的，在一些运动幅度较大的动画中，就只能通过"逐帧动画"的方法进行绘制。在下面的实例中将利用"逐帧动画"制作人物的正面跑步。

启动 Flash，新建一个 Flash 文档，在文档属性里设置帧频值为 24fps，修改尺寸为：550px（宽）×400px（高）。

根据正面跑的规律在场景中将"动作 1"的各部分分图层绘制，并转换为图形元件，如图 5-5-15 所示。

图5-5-15　跑动动势

将部件摆放成如下图所示的姿势，此动作为"动作 1"，如图 5-5-16 所示。

图5-5-16　跑动动势

在第 9 帧插入关键帧，选中左手元件，选择菜单栏"修改"—"变形"—"水平翻转"命令，然后将其移动到右手位置。用同样的方法把左右手和脚的位置对换，同时旋转头部，做出如下图所示动作，此为"动作5"，如图5-5-17所示。

图5-5-17 跑动动势

在第5帧插入空白关键帧，绘制部件，调整出如图5-5-18所示动作，此为"动作3"。

图5-5-18 跑动动势

将第5帧复制到第13帧，根据图5-5-17的方法调换左右手脚的位置，如图5-5-19所示，此为"动作7"。

图5-5-19　跑动动势

在第 3 帧插入空白关键帧，根据动作 1 和动作 3 绘制出动作 2 的部件并将其组合成如图 5-5-20 所示动作，此为"动作 2"。

图5-5-20　跑动动势

在第 7 帧插入空白关键帧，根据动作 3 和动作 5 绘制出动作 4 的部件并将其组合成"动作 4"，如图 5-5-21 所示。

图5-5-21　跑动动势

将第 7 帧复制到第 15 帧，调整左右手脚的位置。把第 1 帧复制到第 17 帧，测试动画，人物正面跑的动画就做完了，如图 5-5-22 所示。

图5-5-22　跑动动势

5.5.4 动画导出

在动画制作完成导出时，需要对人物动画进行导出，导出时一般类似这样的案例，需要进行导出 PNG 序列图，在导出序列图时尽量保持背景为白色，这样 PNG 序列图会把白色变为透明，方便后期角色合成使用。

本章小结

本节主要讲解了人物正面走跑的运动规律，并使用 Flash 制作了人物正面走跑的实例，使大家了解并掌握在 Flash 里制作人物正面走跑的动画。

在 Flash 制作中有些动作是可以简化的，还有些动作可以利用补间动画来完成，这样就可以大量地节省时间和制作成本。希望大家通过本课程的学习，理解最基本的角色的运动规律，为以后制作角色动画打好基础。

第 6 章　Adobe Flash 综合应用

在这一章节，主要学习 Flash 软件中与音频相关的知识点。同时也会学习到运用 Flash 软件，从开始至结束的整个制作流程详解。帮助读者梳理出条理清晰的制作方式，同时保证动画短片输出质量等知识。

6.1　声音导入概念及剪辑

有关 Flash 声音这一知识点，主要是学习哪些音频文件是可支持文件，同时音频文件都有哪些优缺点和使用问题。特别是在声音文件导入过程中和导出过程中，往往忽略这些问题会导致片子质量的降低与损坏。

起源

1. MPEG-1 Audio Layer 2 编码开始于德国 Deutsche Forschungs- und Versuchsanstalt für Luft- und Raumfahrt（后来称为 Deutsches Zentrum für Luft- und Raumfahrt，德国太空中心）Egon Meier-Engelen 管理的数字音频广播（DAB）项目。这个项目是欧盟作为 EUREKA 研究项目资助的，它的名字通常称为 EU-147。EU-147 的研究时间是 1987 年到 1994 年。

2. 到了 1991 年，就已经出现了两个提案：Musicam（称为 Layer 2）和 ASPEC（高质量音乐信号自适应频谱感知熵编码）。荷兰飞利浦公司、法国 CCETT 和德国 Institut für Rundfunktechnik 提出的 Musicam 方法由于它的简单、出错时的健壮性以及在高质量压缩时较少的计算量而被选中。基于子带编码的 Musicam 格式是确定 MPEG 音频压缩格式（采样率、帧结构、数据头、每帧采样点）的一个关键因素。这项技术和它的设计思路完全融合到了 ISO MPEG Audio Layer I、II 以及后来的 Layer III（MP3）格式的定义中。在 Mussmann 教授（University of Hannover）的主持下，标准的制定由 Leon van de Kerkhof（Layer I）和 Gerhard Stoll（Layer II）完成。

3. 一个由荷兰 Leon van de Kerkhof 德国 Gerhard Stoll、法国 Yves-François Dehery 和德国 Karlheinz Brandenburg 组成的工作小组吸收了 Musicam 和 ASPEC 的设计思想，并添加了他们自己的设计思想从而开发出了 MP3，MP3 能够在 128kbit/s 达到 MP2 192kbit/s 音质。

4. 所有这些算法最终都在 1992 年成为了 MPEG 的第一个标准组 MPEG–1 的一部分，并且生成了 1993 年公布的国际标准 ISO/IEC 11172–3。MPEG 音频上的更进一步的工作最终成为了 1994 年制定的第二个 MPEG 标准组 MPEG–2 标准的一部分，这个标准正式的称呼是 1995 年首次公布的 ISO/IEC 13818–3。

5. 编码器的压缩效率通常由位速定义，因为压缩率依赖于位数（：en:bit depth）和输入信号的采样率。然而，经常有产品使用 CD 参数（44.1kHz、两个通道、每通道 16 位或者称为 2×16 位）作为压缩率参考，使用这个参考的压缩率通常较高，这也说明了压缩率对于有损压缩存在的问题。

6. Karlheinz Brandenburg 使用 CD 介质的 Suzanne Vega 的歌曲 Tom's Diner 来评价 MP3 压缩算法。使用这首歌是因为这首歌柔和、简单的旋律使得在回放时更容易听到压缩格式中的缺陷。一些人开玩笑地将 Suzanne Vega 称为 "MP3 之母"。来自于 EBU V3/SQAM 参考 CD 的更多一些严肃和 critical 音频选段（Glockenspiel，Triangle，Accordion...）被专业音频工程师用来评价 MPEG 音频格式的主观感受质量。

因为 MP3 是一种有损压缩的格式，它提供了多种不同 "比特率"（Bit Rate）的选项——也就是用来表示每秒音频所需的编码数据位数。典型的速度介于 128kbps 和 320kbps（kbit/s）之间。与此对照的是，CD 上未经压缩的音频比特率是 1 411.2 kbps（16 位 / 采样点 × 44 100 采样点 / 秒 × 2 通道）。

使用较低比特率编码的 MP3 文件通常回放质量较低。使用过低的比特率，"压缩噪声（Compression Artifact）"（原始录音中没有的声音）将会在回放时出现。说明压缩噪声的一个好例子是：压缩欢呼的声音；由于它的随机性和急剧变化，所以编码器的错误就会更明显，并且听起来就像回声。

除了编码文件的比特率之外；MP3 文件的质量也与编码器的质量以及编码信号的难度有关。使用优质编码器编码的普通信号，一些人认为 128kbit/s 的 MP3 以及 44.1kHz 的 CD 采样的音质近似于 CD 音质，同时得到了大约 11∶1 的压缩率。在这个比率下正确编码的 MP3 只能够获得比调频广播更好的音质，这主要是那些模拟介质的带宽限制、信噪比和其他一些限制。然而，听力测试显示经过简单的练习测试听众能够可靠地区分出 128kbit/s MP3 与原始 CD 的区别。在许多情况下他们认为 MP3 音质太低是不可接受的，然而其他一些听众或者换个环境（如在嘈杂的车中或者聚会上）他们又认为音质是可接受的。很显然，MP3 编码的瑕疵在低端声卡或者扬声器上比较不明显而在连接到计算机的高质量立体声系统，尤其是使用高保真音响设备或者高质量的耳机时则比较明显。

Fraunhofer Gesellschaft（FhG）在他们的官方网站上，公布了下面的 MPEG-1 Layer 1/2/3 的压缩率和数据速率用于比较：

Layer 1: 384 kbit/s，压缩率 4:1；

Layer 2: 192 – 256 kbit/s，压缩率 8:1–6:1；

Layer 3: 112 – 128 kbit/s，压缩率 12:1–10:1。

不同层面之间的差别是因为它们使用了不同的心理声学模型导致的；Layer 1 的算法相当简单，所以透明编码就需要更高的比特率。然而，由于不同的编码器使用不同的模型，很难进行这样的完全比较。

许多人认为所引用的速率，出于对 Layer 2 和 Layer 3 记录的偏爱，而出现了严重扭曲。他们争辩说实际的速率如下所列：

Layer 1: 384 kbit/s 优秀；

Layer 2: 256 – 384 kbit/s 优秀，224 – 256 kbit/s 很好，192 – 224 kbit/s 好；

Layer 3: 224 – 320 kbit/s 优秀，192 – 224 kbit/s 很好，128 – 192 kbit/s 好。

当比较压缩机制时，很重要的是要使用同等音质的编码器。将新编码器与基于过时技术甚至是带有缺陷的旧编码器比较，可能会产生对旧格式不利的结果。由于有损编码会丢失信息这样一个现实，MP3 算法通过创建人类听觉总体特征的模型尽量保证丢弃的部分不被人耳识别出来（例如，由于 noise masking），不同的编码器能够在不同程度上实现这一点。

一些可能的编码器：

Mike Cheng 在 1998 年首次开发的 LAME 与其他相比，是一个完全遵循 LGPL 的 MP3 编码器，它有良好的速度和音质，甚至对 MP3 技术的后继版本形成了挑战。

Fraunhofer Gesellschaft：有些编码器不错，有些有缺陷。

许多的早期编码器已经不再广泛使用，如，ISO dist10 Xing BladeEnc ACM Producer Pro。

好的编码器能够在 128~160kbit/s 下达到可接受的音质，在 160~192kbit/s 下达到接近透明的音质。所以不在特定编码器或者最好的编码器话题内说 128kbit/s 或者 192kbit/s 下的音质是容易引起误解的。一个好的编码器在 128kbit/s 下生成的 MP3 有可能比一个不好的编码器在 192kbit/s 下生成的 MP3 音质更好。另外，即使是同样的编码器，同样的文件大小，一个不变比特率的 MP3 可能比一个变比特率的 MP3 音质要差很多。

需要注意的一个重要问题是音频信号的质量是一个主观判断。安慰剂效应 (Placebo effect) 是很严重的，许多用户声明要有一定水准的透明度。许多用户在 A/B 测试中都没有通过，他们无法在更低的比特率下区分文件。一个特定的比特率对于有些用户来说是足够的，对于另外一些用户来说是不够的。每个人的声音感知可能有所不同，所以一个能够满足所有人的特定心理声学模型并不明显存在。仅仅改变试听环境，如音频播放系统或者环境可能就会显现出有损压缩所产生的音质降低。上面给出的数字只是大多数人的一个大致有效参考，但是在有损压缩领域真正有效的压缩过程质量测试手段就是试听音频结果。

如果你的目标是实现没有质量损失的音频文件或者用在演播室中的音频文件，就应该使用无损压缩 (Lossless) 算法，目前能够将 16 位 PCM 音频数据压缩到 38% 并且声音没有任何损失，这样的无损压缩编码有 LA 、Sony ATRAC Advanced Lossless、Dolby TrueHD、DTS Master Lossless Audio、MLP、Sony Reality Audio、WavPack、Apple Lossless、TTA、FLAC、Windows Media Audio 9 Lossless (WMA) 和 APE (Monkey's Audio) 等。

对于需要进行编辑、混合处理的音频文件要尽量使用无损格式，否则有损压缩产生的误差可能在处理后无法预测，多次编码产生的损失将会混杂在一起，在处理之后进行编码这些损失将会变得更加明显。无损压缩在降低压缩率的代价下能够达到最好的结果。

一些简单的编辑操作，如切掉音频的部分片段，可以直接在 MP3 数据上操作而不需要重新编码。对于这些操作来说，只要使用合适的软件（"mp3DirectCut"和"MP3Gain"），上面提到的问题可以不必考虑。

声音处理中有 3 个重要概念。第一个是立体声。利用人耳在水平方向上的方位感觉是非常准确的这种特性进行声场再现，就是立体声重放。最简单的方法是使用左右两个传声器，使左边传声器的信号从左边的扬声器发出，右边传声器的信号从右边的扬声器发出，因此产生声音的移动和展宽，感觉到深度和厚度的临场感。

第二个是采样率。采样率是指在数字录音时，单位时间内对音频信号进行采样的次数。它以赫兹（Hz）或千赫兹（kHz）为单位。采样比率决定了频率响应范围，对声音进行采样的 3 种标准以及采样频率分别为：语音效果（11kHz）、音乐效果（22kHz）、高保真效果（44.1kHz），目前声卡的最高采样率为 44.1kHz。

第三个是位深（比特位数）。位深是另外一个影响音频质量的因素，它也被称为浓度，它是每个音频采样点的比特数。

ADPCM，自适应音频脉冲编码，Microsoft Windows 的音频压缩编码，11.025kHz 线性编码调制。用 ADPCM 编码创建的文件体积比用 MP3 格式编码要小很多，因为 ADPCM 主要适合于录制语音。人们在自己录制了声音以后，为了防止声音失真太厉害，常常会用到这种输出设置。

6.1.1 声音文件支持格式

Mp3 格式，这种压缩方式的全称叫 MPEG Audio Layer3，MP3 格式可以使音乐文件在音质损失很小的情况下将文件尺寸大大缩小。MP3 文件能以不同的比率压缩，但是压缩得越多，声音质量下降的幅度也越大。标准的 MP3 压缩比是 10∶1，一个三分钟长的音乐文件压缩后大约是 4MB。MP3 具体设置如下：

首先是比特率的选择，如图 6-1-1 所示。

图 6-1-1　mp3 格式声音设置

MP3 压缩方式的默认是 l6kb/s，如图 6-1-2 所示。

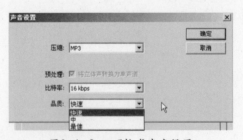

图 6-1-2　mp3 格式声音设置

MP3 格式即 mp3（一种音频编码方式）。

MP3 是一种音频压缩技术，其全称是动态影像专家压缩标准音频层面 3（Moving Picture Experts Group Audio Layer III），简称为 MP3。它被用来大幅度地降低音频数据量。利用 MPEG Audio Layer 3 的技术，将音乐以 1:10 甚至 1:12 的压缩率，压缩成容量较小的文件，而对于大多数用户来说重放的音质与最初的不压缩音频相比没有明显的下降。它是在 1991 年由位于德国埃尔朗根的研究组织 Fraunhofer-Gesellschaft 的一组工程师发明和标准化的。用 MP3 形式存储的音乐就叫作 MP3 音乐，能播放 MP3 音乐的机器就叫作 MP3 播放器。MP3 是利用人耳对高频声音信号不敏感的特性，将时域波形信号转换成频域信号，并划分成多个频段，对不同的频段使用不同的压缩率，对高频使用大压缩比（甚至忽略信号）对低频信号使用小压缩比，保证信号不失真。这样一来就相当于抛弃人耳基本听不到的高频声音，只保留能听到的低频部分，从而将声音用 1:10 甚至 1:12 的压缩率压缩。

根据 MPEG 规范的说法，MPEG-4 中的 AAC（Advanced Audio Coding）将是 MP3 格式的下一代。MP3 还分为耳机 MP3 和外放 MP3 两大类，传统 MP3 需要带耳机才有很好的音质，但是对人们的耳膜有所伤害；新型的 MP3 主要方向是外放 MP3，对耳膜几乎没有任何伤害，从而得到人们的喜爱。

最高参数的 MP3(320Kbps) 的音质与 CD 的，FLAC 和 APE 无损压缩格式的差别不多，其优点是压缩后占用空间小，适用于移动设备的存储和使用。

1. MP3 是一个数据压缩格式；

2. MP3 丢弃掉脉冲编码调制（PCM）音频数据中对人类听觉不重要的数据（类似于 JPEG 是一个有损图像压缩），从而得到了小得多的文件；

3. MP3 音频可以按照不同的位速进行压缩，提供了在数据大小和声音质量之间进行权衡的一个范围，MP3 格式使用了混合的转换机制将时域信号转换成频域信号；

4. 32 波段多相积分滤波器（PQF）；

5. 36 或者 12 tap 改良离散余弦滤波器（MDCT）；每个子波段大小可以在 0~1 和 2~31 之间独立选择；

6. MP3 不仅有广泛的用户端软件支持，还有很多的硬件支持，比如便携式媒体播放器（指 MP3 播放器）DVD 和 CD 播放器。

另外一个声音文件支持格式是 WAV 格式音频，WAV 为微软公司（Microsoft) 开发的一种声音文件格式，它符合 RIFF(Resource Interchange File Format) 文件规范，用于保存 Windows 平台的音频信息资源，被 Windows 平台及其应用程序所广泛支持，该格式也支持 MSADPCM，CCITT A LAW 等多种压缩运算法，支持多种音频数字，取样频率和声道，标准格式化的 WAV 文件和 CD 格式一样，也是 44.1K 的取样频率，16 位量化数字，因此在声音文件质量和 CD 相差无几。WAV 打开工具是 WINDOWS 的媒体播放器。

通常使用三个参数来表示声音，量化位数，取样频率和采样点振幅。量化位数分为 8 位，16 位，24 位三种，声道有单声道和立体声之分，单声道振幅数据为 n*1 矩阵点，立体声为 n*2 矩阵点。取样频率一般有 11 025Hz(11kHz)，22 050Hz(22kHz) 和 44 100Hz(44kHz) 三种，不过尽管音质出色，但在压缩后的文件体积过大，相对其他音频格式而言是一个缺点，WAV 格式文件所占容量（B）=（取样频率 × 量化位数 × 声道）× 时间 /8（字节 = 8bit）每分钟，WAV 格式的音频文件的大小为 10MB，其大小不随音量大小及清晰度的变化而变化。声道有单声道和立体声之分，采样频率一般有 11 025Hz（11kHz）、22 050Hz（22kHz）和 44 100Hz（44kHz）三种，WAV 文件所占容量 =（采样频率 × 采样位数 × 声道）× 时间 /8（1 字节 =8bit）。

WAV 对音频流的编码没有硬性规定，除了 PCM 之外，还有几乎所有支持 ACM 规范的编码都可以为 WAV 的音频流进行编码。

WAV 文件格式是一种由微软和 IBM 联合开发的用于音频数字存储的标准，它采用 RIFF 文件格式结构，非常接近于 AIFF 和 IFF 格式。多媒体应用中使用了多种数据，包括位图、音频数据、视频数据以及外围设备控制信息等。

6.1.2 声音文件转换

声音文件在日常使用时，通常使用音频转换器来完成音频格式转换，常用的音频转换格式工具有格式工厂、Goldwave 等。这些软件都内置很多编码，帮助我们进行音频格式之间地转换。

AVI 和 WAV 在文件结构上是非常相似的，不过 AVI 多了一个视频流。我们接触到的 AVI 有很多种，因此我们经常需要安装一些 Decode 才能观看 AVI，我们接触比较多的 DivX 就是一种视频编码，AVI 可以采用 DivX 编码来压缩视频流，当然也可以使用其他的编码压缩。同样，WAV 也可以使用多种音频编码来压缩其音频流，不过我们常见的都是音频流被 PCM 编码处理的 WAV，WAV 只能使用 PCM 编码，MP3 编码同样也可以运用在 WAV 中，和 AVI 一样，只要安装相应的 dDecode，就可以欣赏这些 WAV 了。

在 Windows 平台下，基于 PCM 编码的 WAV 是被支持得最好的音频格式，所有音频软件都能完美支持，由于本身可以达到较高的音质的要求，因此，

WAV 也是音乐编辑创作的首选格式，适合保存音乐素材。因此，基于 PCM 编码的 WAV 被作为了一种中介的格式，常常使用在其他编码的相互转换之中，例如 MP3 转换成 WMA。

6.1.3 声音剪辑

在 Flash 里，声音剪辑是一个相对简单的事情，在进行剪辑之前要知道一些相关知识点，这里对其进行补充说明。

声音的构成，人声：对白、独白、旁白、心声和解说。对白是影片中两个或两个以上人物之间的交谈。独白是人物在画面中对内心活动的自我表达。旁白是以画外音形式出现的第一人称的主观自述或第三人称的客观叙述或议论。心声是指以画外音形式表现人物内心活动的声音（包括非语言声）。解说是影片中以客观叙述者的角度直接用语言来解释画面，叙述介绍某些内容、某个事件或对某个问题发表议论的一种方式。

音响：动作音响、自然音响、背景音响、机械音响、枪炮音响、特殊音响。动作音响是指人或动物行动所产生的声音，如走路声、开门声、打鼾声、哭、笑等。自然音响是指自然界中非人和动物行为所发生的声音。背景音响是指群众杂音。机械音响是指机械设备运转所发出的声音。枪炮音响是指使用各种武器、弹药爆炸发出的声音。特殊音响是指用人工方法模拟出来的非自然界音响。

音乐分为节目创作和选择编配的主题音乐和背景音乐。主题音乐用以表达主题思想。背景音乐是指起陪衬作用的音乐，用以烘托节目的情绪和气氛。其中用于节目片名字幕的音乐为片头音乐，用于结尾的音乐为片尾音乐。

录音技巧：单人声拾音

最简单的人声拾音是用一个话筒录一个人的声音，让人的嘴直接对着话筒即可。

常规录音，嘴离开麦克风大概 20 cm 左右，而且要注意，唱（说话）的时候不要左右或前后晃动，这样可以保证我们在唱整首歌时音质统一。

录制具有亲切感的人声。人们可以在不使声音过度失真的前提下，有效利用"近讲效应"，使得拾取的声音更加丰满，并且具有一定的亲切感。

拾音环境和拾取具有细节感的人声。摆放两支或两支以上的麦克风来拾取人声的不同细节，用一支麦克风对着人的嘴，用另一支麦克风对着人的喉头或以下部分。

录音步骤

首先把麦克风和电脑相连，为了避免干扰，建议大家在一个安静的屋子里面录音，同时关掉音响，以免音响干扰到正常地录音。

在 Windows 中选择"开始"—"所有程序"—"附件"—"娱乐"—"录音机"。

这个软件很简单，使用起来非常的方便，对于个人录音来说，如果要求不高，已经足够了，美中不足的是这个软件一次只能录制一分钟，想要录制更长的话，就只能手动去调节了。录音机原始的画面，其中红点的按钮就是录音键，用鼠标单击之后就可以开始录音，录音机进入录音时的界面。

声音的剪辑处理

如果是自己制作，现在网络上有很多制作音乐的软件，如"作曲大师"软件。要是自己懂一些音乐知识，大家就可以自己创作一些音乐来给动画配上音乐。也可以使用没有版权的音乐，有些作曲爱好者，制作了一些音乐，但是他们没有拿去发布，而是放在网上自由流传，这对一些不懂音乐知识的人提供了很大的帮助。

Flash 自带编辑音频工具，Flash 自身给人们提供了比较好的声音编辑工具，打开 Flash，导入一段声音，然后把声音放到工作图层中，可以选择与画面的同步关系以及声音是否循环，有一个编辑按钮，这个就是 Flash 自带的声音编辑器。

这一节是为各位增加的部分，Gold Wave 是相当棒的数码录音及编辑软件，除了附有许多的效果处理功能外，它还能将编辑好的文件存成 WAV、AU、SND、RAW、AFC 等格式，而且若你的 CD ROM 是 SCSI 形式，它可以不经由声卡直接抽取 CD ROM 中的音乐来录制编辑。Gold Wave 是一个"环保"的工具。安装程序不会改写你的系统文件。如果安装的时候出现问题，请参考下列步骤：如果你安装 Xing Player 或者 Encoder (1.50)，你必须升级 Xing Player 到 1.01 以上版本。否则，当你用 Gold Wave 打开 MP3 文件是 ASMAUDDECFF.DLL 错误。当你保存 MP3 文件时需要 LAME_ENC 文件。另外，请先检查机器显卡是否在 16 色以上。GoldWave 是一个功能强大的数字音乐编辑器，它可以对音乐进行播放、录制、编辑以及转换格式等处理。

以下是 Gold Wave 的特性：直观、可定制的用户界面，使操作更简便；多文档界面可以同时打开多个文件，简化了文件之间的操作；编辑较长的音乐时，

GoldWave 会自动使用硬盘，而编辑较短的音乐时，GoldWave 就会在速度较快的内存中编辑；GoldWave 允许使用多种声音效果，如：倒转 (Invert)、回音 (Echo)、摇动、边缘 (Flange)、动态 (dynamic) 和时间限制、增强 (strong)、扭曲 (warp) 等；精密的过滤器（如降噪器和突变过滤器）帮助修复声音文件；批转换命令可以把一组声音文件转换为不同的格式和类型。该功能可以转换立体声为单声道，转换 8 位声音到 16 位声音，或者是文件类型支持的任意属性的组合。如果安装了 MPEG 多媒体数字信号编解码器，还可以把原有的声音文件压缩为 MP3 的格式，在保持出色的声音质量的前提下使声音文件的尺寸缩小为原有尺寸的十分之一左右；CD 音乐提取工具可以将 CD 音乐拷贝为一个声音文件。为了缩小尺寸，也可以把 CD 音乐直接提取出来并存为 MP3 格式；表达式求值程序在理论上可以制造任意声音，支持从简单的声调到复杂的过滤器。内置的表达式有电话拨号音的声调、波形和效果等。

GoldWave 支持多种声音格式，它不但可以编辑扩展名是 WAV、MP3、VOC、AU、AVI、MPEG、MOV、RAW、SDS 等格式的声音文件，还可以编辑 Apple 电脑所使用的声音文件；并且 GoldWave 还可以把 Matlab 中的 MAT 文件当作声音文件来处理，这些功能可以很容易地制作出所需要的声音。保存波形文件的方法和打开文件的方法类似，最简单的方法是使用工具栏上的"保存"按钮。如果要把声音文件保存为其他的格式，就要使用 File 菜单中的 Save as 命令，然后在"另存为"窗口中选择要保存的文件格式。为了便于交流，建议将声音文件格式保存为 WAV、MP3、RAW 中的某一种，其中 RAW 格式用于网上广播。

6.1.4 案例：MTV 字幕

提到 MTV 音乐动画，可以说是在 Flash 制作项目中用处较多的一种。其展示方式可以很好地表达歌手的思想并实现现实中不能完成的效果。而在这种形式表演时，往往要注入和真人 MTV 一样的歌词字幕。如果不加字幕，很有可能让观众混淆歌词含义，所以添加字幕是必不可少的。

下面将用一个案例讲解一下如何为一段音乐添加合适的字幕动画，并保证音画同步。

首先新建 Flash 文档，并按照常规设置，把帧频设置为每秒 25 帧。

然后选择菜单栏的"文件"—"导入"—"导入到库"，选择提前预备好的音频文件，这里提示：一般选择常用音频格式既 MP3 格式，这种格式使用较为方便，如图 6-1-3 所示。

图6-1-3 导入mp3音频

这时，在舞台是看不见音频文件的，因为音频文件是看不见摸不到的，把目光移至时间轴上，然后把库里的音频拖拽到舞台上，单击时间轴第一帧，按键盘快捷键"F5"延长帧。在帧延长的同时，就会发现音乐的波形显示在时间轴上，如图6-1-4所示。

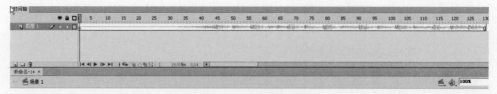

图6-1-4 时间轴音频

如果现在移动时间轴滑块是听不见声音的，因为这时需要对其进行属性设置。单击时间轴上的任意一帧，然后对应查看一下属性栏，找到声音一栏，然后把这一栏的"同步"属性调节成数据流，如图6-1-5所示。

图6-1-5　时间轴音频属性

　　这时，再移动时间滑块就可以直接听见声音。或者直接按"回车键"听声音，暂停时也可以使用回车键执行。仔细听第一句歌词，然后使用文字工具在舞台上输入歌词。这里提示一点：首先要找到歌词在时间轴上的位置，打歌词时，最好新建一个图层，便于修改，然后在歌词对应声音之前插入空白关键帧，如图6-1-6所示。并把歌词调节到相关位置，当然也可以对文字进行颜色和大小等修改。

图6-1-6　插入歌词

　　对歌词进行动画设置，由于字体在舞台上属于文字类型，为了很好地进行动画制作，我们把每次输入完成的字转换为图形元件，这样可以便于动画制作。然后给动画制作歌词动画，首先将打完组的字体移至舞台外边，然后选择在声音发出的时候插入关键帧，并把文字移入要摆放的位置，如图6-1-7所示。

图6-1-7　歌词动画设置

选中两个关键帧之间任意一帧，用右键进行补间动画制作。然后在这句台词即将结束时再次插入关键帧，并按照同样的方法把歌词移出舞台，如图6-1-8所示。

图6-1-8　歌词动画设置

按照上边的方式持续进行制作，就可以完成MTV歌词的编入和动画制作工作，虽然此项任务看起来简单，但在实际操作中，往往对字幕动画要求很高，需要在短时间内进行动画飞入飞出，同时保证字幕清晰，对观众可视性停留时间长。

6.2　镜头动画制作

用Flash设计动画，一般会有两种制作动画方式。一种是如果这个项目时间较短，镜头数量较少，可以只使用一个Flash文档完成该项目。另一种是时间较长，且镜头数较多的项目，一般电视剧动画会有一百多镜头，那么这个时候就需要进行单个镜头单个文件对待，即每个分镜用一个Flash文档来制作，最终进行整合。

Flash动画中的镜头处理

Flash动画和传统的动画一样，镜头处理是很重要的一个环节。在三维动画中，可以通过摄像机来切换镜头或转移效果。但是在Flash动画中，镜头的效果主要通过对角色图片进行任意变形处理，或者进行模糊处理，最后利用补间动画来表现镜头的各种效果。

什么是镜头画面？"镜头是画面构成的基础，每一个画面无不是镜头最终的外在体现。镜头是画面的潜在形式，镜头也是构成画面的最基本的元素。"

镜头的设计，动画片的世界是虚拟的，动画片的镜头设计也是虚拟实拍摄像机的镜头设计。在实拍电影时，可以通过摄影机的运动拍到各种不同的镜头效果，但在做 Flash 动画时，这些是难以实现的，Flash 动画只能通过对镜头的设计、对角色及背景的图片进行处理来实现。从另外一个角度来看，摄影机不能完成的效果却可以在 Flash 中实现，例如，动画摄影机就无法拍出有透视变化的旋转镜头。但是我们在 Flash 动画片的镜头设计中，实现这些效果都不是问题，一切实拍手法、一切摄影运动、一切场面调度都能在动画镜头中设计出来，动画片能摹拟所有的实拍手法。所以动画片的镜头画面设计包括：摄影机本身的运动而产生的画面效果和由画面变化而产生的摄影机运动效果，后者可以简称为画面变化效果。

动画镜头处理的主要方法：

隐现镜头。隐现镜头的效果，指的是当动画开始播放时，画面由暗变亮，当动画结束的时候，画面又由亮变暗，并出现字幕的效果，这是动画影片常用的方法之一。具体制作时，应该先绘制好背景，然后新建两个图层，分别制作背景由暗变亮，和由亮变暗的效果。这里主要是运用补间动画的方法，并通过调整起始帧和结束帧的图片的 Alpha 值来实现的。例如：选择起始帧的图片，在属性面板中将 Alpha 值设置为 80%，再选择结束帧的图片，在属性面板中将 Alpha 值设置为 0%，让图片完全透明，然后创建补间动画，便产生画面由亮变暗的效果了。

摇动镜头。摇动镜头效果，是指在场景中从一个方向移到另一个方向，比如镜头从左到右，从右到左，或者是从上到下，从下到上。这种效果的制作其实是通过在舞台中移动场景里的元素来完成的。要注意的是：为了制造最佳的动画效果，距离镜头越近的物体，移动速度也应该越快。

推／拉镜头。推／拉镜头是指在播放动画时，通过向前推动摄像机或往后拖动摄像机来获取的一种镜头效果。当你想表现某个物体的细节或者想通过和周围的物体对比体现这个物体的大小时，运用推拉镜头的效果便可以实现。

可以对一个物体进行推镜头以观察某个特定的部位，也可以通过拉镜头向观众展示全部的景象。对一个物体制作推镜头效果时，必须把舞台上的所有对象都以相同的速度放大，并且需要通过"任意变形工具"将背景放大，直到超过舞台的尺寸大小，然后做补间动画来实现。制作拉镜头效果时，可以使用"任意变形工具"将影像渐渐缩小直到显示完整的图像，然后通过补间动画来实现。

推移镜头。推移镜头是握住摄影机，对某个拍摄的物体来回推移的过程。影片中对某个角色，物体来回拍摄更适合用推移镜头体现，如果你拍摄的物体不是一个呆板的平面，尽量运用推移镜头而不是推／拉镜头体现，运用推移镜头可以产生三维立体的效果，在 Flash 中使用推移镜头时，必须对所有元素采取不同速度的动画处理，离镜头越近的物体，移动的速度越快。

变速镜头。变速镜头是通过给动画加上动感模糊效果产生的。在做效果前，先绘制好角色，然后使用图片处理软件，如 Photoshop 对图形进行动感模糊处理，再制作补间动画，使开始和结束帧的图片产生效果变化来实现变速镜头的效果。

升降镜头。升降镜头是在摄影机上拍摄的，当升降机升起或降落时，摄影机集中在某一个物体上，或者在升降机运动的同时摇到场景中的另一块区域，这个镜头大部分要依靠你所画的图像图形，在 Flash 中表现这个镜头，首先需要创建一个扭曲的背景图片以适合镜头的运动，这样通过镜头观察时显得比较自然，更高级的升降镜头往往伴有镜头的旋转。

跟踪镜头。跟踪镜头是指将镜头锁定在某个物体上，当物体移动时镜头也跟着移动。使用的方法是将被锁定的对象放置在舞台的中心，只是将背景进行移动，从一端移到另一端。

抖动镜头。当要制作受到重大冲击，比如类似地震时的镜头效果时，可运用抖动镜头效果来实现，抖动镜头效果可以让动画效果更生动逼真。在制作时，主要是运用"任意变形工具"对背景层的图片进行旋转，然后通过制作逐帧动画来完成的。

切换镜头。在影片制作中，切换镜头是最常用的，它可以让你的影片有变化，不至于因为镜头长时间的固定、画面单一而变得单调乏味，让观众失去观看的耐心和兴趣。所以每个镜头停顿的时间最长最好不要超过 5 秒钟，影片要经常给观众以新的影像和角度刺激。切换镜头主要是通过插入关键帧来改变舞台内容，或者通过场景的变换来完成切换镜头的效果。

动画片中的镜头画面设计及镜头处理所包含的元素很多，如何设计好其中的各个元素，对影片的效果烘托有着非常重要的作用。以往的中国动画片只是着重于画面设计，比如《三个和尚》《哪吒闹海》等，近年来，中国动画开始关注镜头画面设计，国外动画发展的成功道路，都值得我们借鉴。"它山之石，可以攻玉"，国外动画片的镜头画面设计给中国带来的是一种观念，是一种动画电影性的观念。在制作动画片时，一切镜头设计都是虚拟的，这种虚拟的真实的就是动画镜头画面设计所要达到的目的。镜头画面设计是电影性与绘画性的统一，这也是动画设计者对动画进行镜头画面设计所要追求的目的所在。

下面，用一个实际案例来介绍一下使用同一个 Flash 文档完成动画的制作方式。相比第二种情况，在同一文档进行动画项目制作也有一些技巧需要了解。

6.2.1 镜头的建立

在 Flash 中，要想制作一个符合要求的镜头，首先需要对该项目的要求进行审核和检查。例如，一个动画项目在制作完成后需要在什么样式的媒体上进行播放，这一点很重要。媒体的类型现在更为多样化，是新兴的平板电脑媒介还是电影院荧幕，又或者电视荧屏等，这些都会对 Flash 文档产生影响。

我们先拿一个案例来说，这个案例主要针对的播放媒介为 Ipad 高清介质，那么在 Flash 文档中，第一件要做的事情就是修改其对应的舞台尺寸，将其尺寸设置为 1 920×1 080，当前尺寸可以保证画面的清晰度。从帧频上来说，要选择每秒 25 帧至每秒 30 帧为宜，本案例暂定为每秒 25 帧。

第二步就是进行动画镜头的制作，一般较为短小的项目也要有十几个镜头，例如广告类项目。在同一个文件进行操作时，如果把所有十几个镜头都放置在时间轴进行动画固然可以实施，但对于中后期返修及镜头更换顺序都有弊端。那么为了能够更好地适应客户多次提出修改和整改意见，进行合理返修，需要用一个方法来解决这个问题。

首先，在文件中直接在舞台上进行动画第一个镜头的制作，在镜头一中制作一个简单方块移动动画，如图 6-2-1 所示。

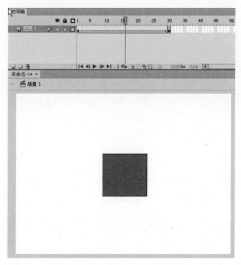

图6-2-1　镜头一制作参考

为了保证镜头二与镜头一不发生干扰，需要调出一个面板，也是这个知识点关键所在。选择菜单栏中"窗口"—"其他面板"—"场景"，这个命令调出以后会弹出一个对话框，如图 6-2-2 所示。

图6-2-2　调出场景面板

在这个面板中，可以看见它的用法和元件库的用法保持一致。单击左下角的添加场景按钮，就可以为当前文档添加一个新的舞台和时间轴，而在这个新时间轴上进行镜头二的制作时，不会干扰镜头一的动画，如图 6-2-3 所示。

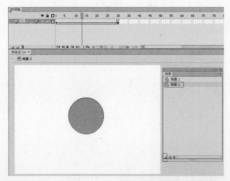

图6-2-3　新建场景

按照这种方式，可以对当前同一个文档进行创建多个甚至几十个场景来进行镜头动画制作，而这里的场景可以理解成镜头的含义。

当所有场景建设完毕后，可以对其中某一个场景也就是镜头进行修改，只需要选中该场景就可以进行修改，除了这项功能外，还可以用鼠标左键按住其中某一个场景进行上下拖拽，修改场景顺序。最后导出动画时，将按照这个场景顺序进行导出。

6.2.2 镜头切换方式

镜头组接是影视用语，是指将电影或者电视里面单独的画面有逻辑、有构思、有意识、有创意和有规律地连接在一起，从而形成一部精彩的电影或电视剧。其中用来完成镜头组接的技巧主要包括切换、淡变、叠化、划变等。在

Flash 动画制作中，可以使用 Flash 中的技术实现这些镜头组接的技巧。

切换，切换又称无技巧组接，是指在画面上从一个场景直接置换到另一个场景，不加任何技巧，切换过程在瞬间完成，而且画面图像没有交错。因此，利用切换可以轻松实现自然、合理、流畅和明快的镜头组接与转换。

在 Flash 中，可以使用关键帧动画轻松实现场景画面的切换：在层中需要切换的帧上点击鼠标右键，选择插入空白关键帧（或选中需要切换的帧，按"F7"键直接插入空白关键帧），然后把下一个场景画面的元件拖放到场景中即可。

淡变，淡变又称慢转化或叠化，是相邻两镜头画面在某一段时间内相互渐变产生的组接方式。一个场景画面由清晰明亮逐步消失，屏幕上只剩下一种颜色（多数为黑色），这一变化过程称为淡出（Fade-out）。而一个场景画面由开始的一种颜色逐步变亮、直至呈现出清晰画面，这一变化过程称为淡入（Fade-in），所以又称为"淡出淡入"或"渐隐渐显""化出化入"。在这一过程中，画面图像可以是分离一段时间的，也可以是交错的，因此分为 V 淡变、U 淡变和 X 淡变几种淡变方式。淡出淡入技巧通常用于段落的转换、片头和片尾之中，以降低转换的节奏。

V 淡变，V 淡变是两个场景画面的淡变互不交错且无间断，当前一个场景画面刚隐入时，后一个场景画面逐渐显出，直到显示为正常强度完成这种淡变过程。V 淡变组接使两镜头画面有分隔作用，常用于分隔内容，表示段落转换，或表示时间、地点、类别有差异等。

在 Flash 中，可以使用运动补间动画实现 V 淡变。把两个场景或两个场景中各层中的对象转化成元件。前一个场景画面的最后 20 帧制作成运动补间动画（位置不要动，只是使用关键帧中实例色彩的变化），单击鼠标左键，选取场景中的实例，在属性面板中（点击了场景中的实例才显示此属性面板）调整样式中色调的参数为 100% 黑色。后一个场景画面的前 20 帧也制作成运动补间动画，选取场景中的实例，在属性面板中（点击了场景中的实例才显示此属性面板）调整样式色调的参数为 100% 黑。测试影片，观看镜头组接效果，前一个场景画面逐渐变黑淡出，后一个画面逐渐清晰淡入。

U 淡变，U 淡变是前一个场景画面渐隐后相隔一段时间的黑画面，然后才渐显下一个场景画面。

在 Flash 中，可以使用运动补间动画实现 U 淡变。制作步骤与 V 淡变一样，只是在前一个场景画面淡出制作好以后，在最后一个关键帧后的第 40 帧处插入关键帧，这 40 帧就是前一个场景画面淡变到后一个场景画面中间的一段黑画面，然后再插入空白关键帧，制作下一个场景画面的淡入效果。

X 淡变。X 淡变又叫混合、叠化，指在一个场景画面淡出的同时，另一个场景画面淡入，能够体现出组接前后两个画面之间联系的紧密程度以及两个画面内容过渡的衔接性，尤其是当两个场景画面半隐半显重叠出现时，可以用来对二者进行比较。

X 淡变在 Flash 制作时，需要两个图层，每个图层放入一个场景画面。其中一个场景画面，在图层中后面的 20 帧制作出一个运动补间动画，选择后面关键帧中的实例，在属性面板中调整样式中透明度的参数为 100% 透明，制作出透明淡出的效果。然后在另一个图层的前 20 帧制作出第二个场景画面的运动补间动画。选中前面关键帧中的实例，在属性面板中调整样式中透明度的参数为 100% 透明，制作出透明淡入的效果。然后使这两个图层的淡出和淡入的 20 帧对齐重叠，这样就完成了两个场景画面 X 淡变效果的制作。

划变。划变是一种画面的动态分割，即通过画面分割线的移动来实现两个图像的切换，一个画面在屏幕上占据的面积逐步减少，另一个画面在空白处同时出现，进而完全代替前一画面。根据分割的几何图案和分割线的运动方式不同，可以形成千余种划变方式，产生种类繁多、甚至是意想不到的艺术效果。可把划变大体归为两类：

划出、划入。划出、划入的特点是划变图案是直线或折线，前一幅图像画面划出时，后一幅图像画面划入。这一组接方式可用于进行对比，或表示时间、空间的变换等。

在 Flash 中，一个场景画面制作成运动补间动画，由场景中划出（移动到场景外）。在另一个图层中，制作另一个场景画面的补间动画，使它由场景外划入（移动到场景中）。根据需要可以把这两个图层的运动补间帧重叠，也可以紧挨着，前一种效果是一个画面移出场景同时另一个画面进入场景，中间没有露出黑背景；后一种效果是一个画面移出场景后，另一个画面进入场景，中间有一段时间是黑背景。根据划出、划入的角度不同，能够制作出不同的划出、划入效果。

圈出、圈入。其特点是划变图案的边界形成一个封闭图形，例如方形、圆形、菱形等，通过图形边界的扩散或收缩实现两幅图像的变换。这种变换往往用来表示插入一段叙述，或表示时间、空间的变化等。

在 Flash 中，需要两个图层来实现圈出、圈入的镜头组接技巧。在一个图层中，是第一个场景画面，把这个图层的后 20 帧做成运动补间动画，把后面的关键帧中的实例变形成为需要的矩形、菱形等形状，并把它缩至非常小。在另一个图层中，是第二个场景画面。两个图层重叠 20 帧，这样就能够实现第一个画面从第二个画面圈出的效果。同样，在一个图层中是第一个场景画面，在另一个图层中是第二个场景画面，把第二个图层的前 20 帧做成运动补间动画，把前面的关键帧中的实例变形成为需要的矩形、菱形等形状，后一个关键帧中的实例充满场景画面，两个图层重叠 20 帧，这样就能够实现第二个画面从第一个画面圈入的效果。

利用 Flash 本身的关键帧动画、补间动画、遮罩动画、引导层动画等技术，发挥想象力，可以制作出和电影、电视一样的镜头组接的效果，提高 Flash 动画的艺术性，增强 Flash 动画的观赏性。

6.3 导出与设置

Flash 怎样导出 AVI 格式？Flash 只能输出默认的 SWF 格式的动画吗？常用的视频格式 Flash 可以导出吗？带着这些问题，我们来讲讲 Flash 怎样导出 AVI 格式吧！Flash 软件怎样导出 AVI 视频格式呢？下面我们来具体看一看。

6.3.1 SWF 格式

SWF(Shock Wave Flash) 是 Macromedia（现已被 ADOBE 公司收购）公司的动画设计软件 Flash 的专用格式，是一种支持矢量和点阵图形的动画文件格式，被广泛应用于网页设计，动画制作等领域，SWF 文件通常也被称为 Flash 文件。SWF 普及程度很高，现在超过 99% 的网络使用者都可以读取 SWF 档案。这个档案格式由 FutureWave 创建，后来伴随着一个主要的目标受到 Macromedia 支援：创作小档案以播放动画。计划理念是可以在任何操作系统和浏览器中进行，并让网络较慢的人也能顺利浏览。SWF 可以用 Adobe Flash Player 打开，浏览器必须安装 Adobe Flash Player 插件。

SWF 是一种 Flash 动画文件，一般用 Flash 软件创作并生成 SWF 文件格式，SWF 格式文件广泛用于创建吸引人的应用程序，它们包含丰富的视频、声音、图形和动画。可以在 Flash 中创建原始内容或者从其他 Adobe 应用程序（如 Photoshop 或 Illustrator）导入它们，快速设计简单的动画，以及使用 Adobe AcitonScript 3.0 开发高级的交互式项目。设计人员和开发人员可使用它来创建演示文稿、应用程序和其他允许用户交互的内容。Flash 可以包含简单的动画、视频内容、复杂演示文稿和应用程序以及介于它们之间的任何内容。通常，使用Flash创作的各个内容单元称为应用程序，即使它们可能只是很简单的动画。您也可以通过添加图片、声音、视频和特殊效果，构建包含丰富媒体的Flash应用程序。

动画输出准备，在输出和发布动画前最好先优化动画，使动画体积达到最小。

常用优化方法：影片本身优化，重复出现对象尽量使用元件，通过实例变形或调整实例颜色、透明度的办法产生多种变化，尽量使用补间动画，少做逐帧动画，将变化的元素与不变元素分在不同图层，多使用组合，少使用位图动画。尽量限制每个关键帧上的变化区域，使交互动作的作用区尽可能小。音乐尽量使用MP3格式。

常用优化方法：优化线条，尽量使用实线，少用虚线、折线等特殊线条，用铅笔工具绘制出的线条要比刷子小，使用"修改"—"形状"—"优化"菜单优化线条，尽量减少直线和曲线拐角数量。优化图形颜色，尽量使用属性面板的实例颜色来产生不同颜色，慎用渐变色，每个渐变色占大约50字节，Alpha透明度亦会加大文件体积，柔化边缘、扩展填充、转换线条等亦会加大体积。

输出格式，Flash影片：swf格式；网页文件：HTML格式；图像格式：GIF、JPEG、PNG等；独立播放的影片：EXE、MOV、AVI等。输出方式：一是发布，一次性生成各种格式的影片和图片；二是导出，导出用于将动画输出为各种格式的影片、图片及提取其中声音文件。Flash常用格式：SWF格式：只能用Flash自带的播放器播放，会在最大程序上保证图像的质量和体积；HTML格式：网页格式；GIF、JPEG图像格式、PNG格式：网络常用格式，不容易失真，传输速度较快；Windows播放器格式：即exe可执行文件，可在无Flash的环境中执行影片；MOV格式：QuickTime影片格式。

Flash SWF电影格式，版本：选择发布影片版本；防止导入：防止其他人导入影片并将它转换回源文件；省略跟踪动作：忽略影片中的Trace跟踪语句；允许调试：激活调试器，并允许远程调试影片；压缩影片：针对Flash Player 10 r 11优化。JPEG品质：决定文件中包含的位图图像用JPEG格式压缩并设置压缩比例。音频流与音频事件：调整声音的采样频率和压缩方式及品质。覆盖声音设置：忽略音频属性对话框中对单个音频的属性设置。

6.3.2 AVI 格式

AVI英文全称为Audio Video Interleaved，即音频视频交错格式。是将语音和影像同步组合在一起的文件格式。它对视频文件采用了一种有损压缩方式，但压缩比较高，因此尽管画面质量不是太好，但其应用范围仍然非常广泛。AVI 支持256 色和 RLE 压缩。AVI 信息主要应用在多媒体光盘上，用来保存电视、电影等各种影像信息。

AVI 格式基本介绍：它于 1992 年被 Microsoft 公司推出，随 Windows3.1 一起被人们所认识和熟知。所谓"音频视频交错"，就是可以将视频和音频交织在一起进行同步播放。这种视频格式的优点是可以跨多个平台使用，其缺点是体积过于庞大，而且更糟糕的是压缩标准不统一，最普遍的现象就是高版本 Windows 媒体播放器播放不了采用早期编码编辑的 AVI 格式视频，而低版本 Windows 媒体播放器又播放不了采用最新编码编辑的 AVI 格式视频，所以我们在进行一些 AVI 格式的视频播放时常会出现由于视频编码问题而造成的视频不能播放，或即使能够播放，但存在不能调节播放进度和播放时只有声音没有图像等一些莫名其妙的问题，如果用户在进行 AVI 格式的视频播放时遇到了这些问题，可以通过下载相应的解码器来解决。这种格式的文件随处可见，视频文件的主流比如一些游戏、教育软件的片头以及多媒体光盘中，都会有不少的 AVI。在 Windows 95 或98 里都能直接播放 AVI，而且它自己的格式也有好几种，最常见的有 Mac OS X下的 AVI 图标、Intel IndeoVideo R3.2、Microsoft video 等。

AVI 电影格式：（仅导出影片时有效）是 Windows 标准电影格式，适用于视频编辑应用程序。因为基于位图，文件体积庞大。参数设置：尺寸：以像素为单位；保持高宽比：按比例缩放；视频格式：选择颜色深度；压缩视频：设定采用标准 AVI 压缩方式；平滑：边缘平滑功能；声音格式：设置导出声音取样率。

视像参数

1. 视窗尺寸（Video size）：根据不同的应用要求，AVI 的视窗大小或分辨率可按 4 : 3 的比例或随意调整：大到全屏 720×576，小到 160×120 甚至更低。窗口越大，视频文件的数据量越大。

2. 帧率（Frames per second）：帧率也可以调整，而且与数据量成正比。不同的帧率会产生不同的画面连续效果。

伴音参数

在 AVI 文件中，视像和伴音是分别存储的，因此可以把一段视频中的视像与另一段视频中的伴音组合在一起。AVI 文件与 WAV 文件密切相关，因为 WAV文件是 AVI 文件中伴音信号的来源。伴音的基本参数也即 WAV 文件格式的参数，除此以外，AVI 文件还包括与音频有关的其他参数：

1. 视像与伴音的交织参数（Interlace Audio Every X Frames）

AVI 格式中每 X 帧交织存储的音频信号，也即伴音和视像交替的频率 X 是可调参数，X 的最小值是一帧，即每个视频帧与音频数据交织组织，这是 CD — ROM 上使用的默认值。交织参数越小，回放 AVI 文件时读到内存中的数据流越少，回放越容易连续。因此，如果 AVI 文件的存储平台的数据传输率较大，则交错参数可设置得高一些。当 AVI 文件存储在硬盘上时，也即从硬盘上读 AVI 文件进行播放时，可以使用大一些的交织频率，如几帧，甚至 1 秒。

2. 同步控制（Synchronization）

在 AVI 文件中，视像和伴音是同步得很好的。但在 MPC 中回放 AVI 文件时则有可能出现视像和伴音不同步的现象。

3. 压缩参数

在采集原始模拟视频时可以用不压缩的方式，这样可以获得最优秀的图像质量。编辑后应根据应用环境选择合适的压缩参数。

6.4 Adobe Flash 动画制作流程

所有有关 Flash 的知识点已经学习过了，在这里把制作 Flash 动画的流程整理了一下。通过讲解整个流程，能够让初学者对整个动画项目制作有一个全面的分析和掌控，有利于动画制作效率。

6.4.1 前期策划

在 Flash 动画中，其设计思路前期和其他形式动画设计思路是保持一致的。前期：是一部动画片的起步阶段，前期准备充分与否尤为重要，往往需要主创人员（编剧、导演、美术设计、音乐编辑）就剧本的故事、剧作的结构、美术设计的风格和场景的设置、人物造型（相当演员的选取）、音乐风格等一系列问题进行反复的探讨、商榷。首先要有一部构思完整、结构出色的文学剧本，接着需要有详尽的文字分镜头剧本、完整的音乐脚本和主题歌，以及根据文学剧本和导演的要求确立美术设计风格，设计主场景和人物造型。当美术设计风格和人物造型确立以后，再由导演将文字分镜头剧本形象化，绘制画面分镜头台本，如图 6-4-1 所示。

图6-4-1　角色设定

　　动画片与所有影视作品一样，其制作环节通常从人们常说的："剧本乃一剧之本"开始。"一剧之本"指的就是文学剧本，它保证了故事的完整、统一和连贯，是影片创作的基础，同时提供了未来影片的主题、结构、人物、情节、时代背景和具体的细节等基本要素，一般由编剧来完成。动画片剧本与普通影视剧剧本有所差别，需要文学编剧在撰写故事构架的同时能够更多地考虑动画片制作的特点，强调动作性和运动感，并给出丰富的画面效果和足够的空间拓展余地；接着就是文字分镜头剧本，它一般由动画导演亲自撰写，有提示画面、机位的角度，以及使用何种剪接手法，色彩、光线的处理等的提示作用。

　　音乐脚本一般多用于要求先期音乐的动画片，而主题歌的风格往往决定了整部作品的音乐基调，所以对具有先期音乐的动画片来说音乐脚本和主题歌的确立都是非常关键的。前面讲述了先期音乐，有先期音乐也就存在后期配乐。后期配乐是指：先制作好画面再根据画面的节奏和感觉，配以相应节奏和旋律的音乐。尽可能地达到音乐与画面上动作节奏的和谐、统一。达到音乐配合画面动作、色彩、意境的效果。

　　美术设计师依据剧本和导演的要求，设计和确立美术风格，设计完成主场景与主场景色彩样稿，以及人物造型、人物造型的色彩指定这些场景和场景色彩样稿、人物造型以及色彩指定的设计直接关系到整部动画片的整体视觉效果和艺术风格。在 Flash 中亦是如此。画面分镜头台本的绘制，是由导演将文字分镜头剧本的文字变为画面，将故事和剧本视觉化、形象化，不是简单的图解，而是一种具体的再创作，它是一部动画片绘制和制作的最主要依据。中后期所有的环节都是依据这份画面分镜头台本进行的，都必须严格服从台本的要求。我国著名的电影导演郑洞天曾经在《电影导演》一书中说："电影是通过集体创作达到个人风格的艺术。如果说，导演创作的基础是文学剧本、那么，各个部门创作的基础是导演构思，即对未来影片的情节、人物、画面、音响、节奏、色彩等的总体的设想。否则，就会各行其是，使一部电影拍成不伦不类的东西。"所以分镜头台本的绘制非常重要，它是中、后期各个环节的一个指导样本。

　　节奏在动画视觉语言中的作用是不可忽视的，动画分镜设计中对镜头节奏的把握是动画片表述故事、展现情节、塑造人物的关键，也是动画创作研究与实践的关键。节奏处理在渲染动画短片整体气氛中起着十分重要的作用。在动画分镜设计中任何局部镜头的表现都应适合整体节奏的韵律。动画艺术的视听语言就是通过恰当的镜头节奏，带给观众无限的视觉享受和乐趣，使动画画面生动活泼，具有很强的艺术感染力。处理视听语言节奏的手段多种多样，但关系到动画视觉语言创作规律。在动画分镜设计中，视觉语言的创作特点是个性化的，因而，对节奏运用的手段也是个性化的。导演在创作动画视觉语言节奏的表现中突出个性，构建个性语境特征，形成个性化创作行为，就能恰到好处地运用视听语言节奏，使其成为表现导演的艺术气质、情感状态、意识形态观念的创作手法，也是动画导演创作视觉语言的必要手段。动画导演在创作时以表现为主，着重表现导演对客观世界的主观认识和强烈的内在感情，并且，通过作品的人物体现出导演的心灵感受，反映出导演对事物及自然的审美情感，并运用视觉语言节奏，表现生命运动的节律，借自然万物抒发人的情感，是导演对生命和世界万物的心灵感悟，是彻底的、由内向外的激情放射和抒发。

1. 动画分镜画面中节奏的产生

在动画分镜设计画面的创作中，可以运用绘画艺术的各种手法（线条、明暗、色彩、笔触）来表达作者的思想。在平面视觉作品中，画面中的构图、色彩及虚实等艺术处理，构成了画面视觉上的变形、夸张、省略、组合等多种多样的手段，以点、线、面、色等构图形式因素的表现反映画面的节奏。这种视觉节奏也被动画导演运用到自己的创作中，通过动画分镜的画面，创作出导演对客观对象和表现主体审美感情表达的镜头。

动画分镜视觉画面节奏，需要导演通过对视觉画面的处理，完成动画片的视觉语态，使镜头画面节奏产生对形态表达的个性描述。节奏在画面中的表现与运用不仅仅表现在形态上，作为平面视觉特定语言，点、线、面具有其特殊的审美要求，它可以在分镜画面中，构成导演对艺术体现的基本元素。动画分镜视觉创作仍以造型为基本手段，离不开明暗、形状、结构、比例、透视、质感、线条几个基本要素，在分镜画面中这些都是为表现物体在空间的位置，导演在创作过程中根据个人的情感和判断，呈现出对所表现的物体高度概括，把再现客观对象和表现主体感情有机地结合起来。

同时，电影语言也是人类语言交流的工具，不同的地域文化，在语言的表述上存在着很大差异。西方强调对物体的"模仿""写实""再现"，而我国的传统艺术，则要求"以形写神"。中国民族的传统元素也可以借鉴到分镜画面中，我们现在许多优秀的动画短片，在分镜设计之初就运用了民族装饰元素、风格、气质和神韵，导演的动画创作思路传达着民族传统装饰元素。适度地借鉴和应用这些素材，可以在世界民族文化中逐步扩大中国民族传统装饰元素的影响，并将中国传统装饰元素与当代美学规律结合起来，提升传统文化在动画分镜创作中的地位，使中国的传统装饰元素在动画艺术中得到发展、发掘、提炼，成为动画艺术设计的源泉。

2. 动画分镜画面中节奏的表现

在动画分镜中，以画面的形式来进行叙事，其因果联系和时间顺序是构成动画片节奏的重要元素。导演在分镜画面的视觉语言处理中，要善于创造具有中国传统美学特色的镜头。中国传统艺术讲究虚实相生，讲究含蓄、自然、隽永、凝练、显隐结合，这是中国传统艺术追求的境界，是中国美学思想的内核，这在我国的动画片中也得到了充分的体现。在很多动画短片中，将中国传统绘画中的"散点透视法"，运用到动画银幕画面中，如动画片《大闹天宫》就充分发挥了中国传统艺术的特点，在分镜画面中利用中国绘画的散点透视构图，表现出天宫珠阁贝阙、云托灵霄，水底龙宫碧波荡漾。在剧情的发展过程中，运用章回小说的方式，一戏一情，一戏一景，这也是中国古典长卷式构图的基本手法，同时，在镜头的组合上，既有俯视、大场景，又有细致的近景描述，有虚有实，使观众沉醉在千变万化的神话气氛中，这是导演对动画分镜画面节奏进行的重要设计。

在动画分镜画面节奏中，全景的作用，更强调镜头的抒情与写意特点，画面注重环境的表达，以景为主，人物为辅，构图上注重绘画感。注重抒情性的动画片，全景镜头几乎占到了四分之三的数量，成为主导的景别，使观众体会到影片画面空间的宽广，叙事节奏缓慢，抒情性强，叙事性弱。近景的作用，更强调叙事性方面，画面以人物为主体，场景的表现则变得较弱，同时注重镜头的角度变化。此时，如果仍以全景镜头为主，观众将感到镜头叙事性弱，影片节奏慢。景别的运用会影响到镜头画面延续的时间。

动画分镜语言节奏的产生是根据镜头的长度不同衔接起来的，观众通过镜头运动的节奏，对动画片的镜头产生出快、慢、远、近等不同的视觉感知。而且，镜头也可以从不同的视角拍摄，产生各种视角变化的镜头运动，镜头由多种视角剪辑而成，节奏快，对观众的视觉冲击力也较强，观众在观看时比较紧张。相反，镜头由长镜头或相似的景别剪辑起来，视觉节奏也就相对减缓，观众在观看时则比较放松。

不同的分镜画面构图方式的结合，其时间结构产生了不同的节奏变化。大比重的视觉角度镜头，在画面上产生比较强烈的视觉效果，形成较紧张的节奏感；

相似的视觉角度镜头，在画面上产生比较平稳流畅的视觉效果，形成较舒缓的节奏感。

3. 导演的审美对动画分镜画面节奏的影响

导演的审美意境对于动画分镜画面节奏是产生一定影响的，意境对于动画分镜画面节奏也会产生一定的影响，特别是对于具有民族特色的动画作品来说，更是起到了衬托的作用。意境在艺术创作中表现为情与景交融互渗，因而发掘出最深的情，同时也透入最深的景，景中是情，情中是景，情具象而为景，涌现了一个独特的、崭新的意境，增加了丰富的想象。

在动画分镜创作时，导演都渴望表现内心的真实感受，这种真实究竟是什么样的呢？如何创作出这情与景的交融，并表现出其精神形象的本质？面对丰富的精神世界，每个人都存在极其广大的表现空间，只要具有敏锐的感悟能力和丰富的想象力，它就会给你提供无限的创作可能性，但对于创作者来说，创作感受对每个人都是具体的、本质的，是创作者最真实的感动，创作者在创作中，要求自我解放与自我无限伸张。

在动画片分镜画面的创作过程中，创作者更是通过"感入"的象征作用，把自己的思想、情感、意志融入到故事里去，将自我感受与故事情节合为一体，使情节的表现形式与人们的感知观念统一起来，动画创作者更是有意识地将生命灌注于无生命的物体，使物体人格化，在这个使对象人化的过程中，人与事物发生共鸣，创作者在创作的过程中获得美感。在动画的艺术创作活动中，创作者都会涉及将自身感受外射的过程，外射的或是感觉，或是情感。感觉是事物在创作者头脑中所产生的印象，情感是主体方面的心理活动。情感比起感觉是更深刻更亲切的心理活动。感觉和情感都有一个从准备阶段向完备阶段逐步深化的过程。在创作的最后阶段，把自己完全融入到事物里去，并且也把事物融入到自我里去。此时，创作者就会在所创造的事物中"移入情感"，并达到审美意识最终的阶段，即随知觉直接而来的物我同一。

在动画分镜创作中，也可以通过动画色彩思维来表现意境，动画片的色彩不仅是一个镜头画面色彩，还表现出除色彩之外的艺术节奏，传达出故事情节之外的视觉信息。因此，与剧情电影的真实色彩不同，在动画片世界里，色彩空间本身就是动画视觉语言节奏的重要组成部分。无论是现实社会，还是在梦境幻想王国，色彩通过其特有的冷暖变化的强烈对比，节奏鲜明的视觉功效，表现出镜头意境中的色彩符号，既惟妙惟肖地客观再现自然现实，也使鲜明的色彩节奏强化自然表现力，使动画片更加具有视觉色彩的张力。

在视觉艺术领域里，动画色彩更强化创作者的自主意识，动画在视觉艺术中的特性是运动性，通过运动的色彩视觉形象，直接表现人的内心情感和精神世界，表现了神秘而非真实的梦幻空间。因此，动画片中的色彩也具备了运动画面的特点，它与音乐有些相似，是视觉的音乐。动画艺术的色彩与音乐有其共同特点，作品的表现都是在时间运动的过程中体现，表现出旋律与节奏的强弱，并在欣赏过程中，使观众产生丰富的联想，从而表现出艺术作品的主体风格和意境格调，以揭示作品的内在矛盾冲突，表现作品中所营造的环境气氛，抒发艺术作品中人物的情感。在动画分镜创作中，音乐和色彩是相互联系在一起的，它们不可能单独存在。动画分镜创作的综合特性，决定了动画色彩在动画视听语言中与其他语言元素（光、形、声）有着相依相生的密切联系，因此，色彩语言与音乐语言在动画分镜创作的时候，其相互关系也为创作者提供了艺术意境的节奏及作用。

4. 动画剧本、脚本、分镜头三者的关系和区别

动画剧本，是将一个故事进行细化，将故事中模糊的东西详细化，是将故事做成动画的第一步，也是最重要的一步。

剧本要明确故事发生的时间、地点、出场人物、人物具体的动作、事件中所用的道具。如果故事是由多个地点发生的事件组成的话，也要将每个不同地点发生的事件分开来，如在家中和公交车站处，就是两个不同的地点，要分开来写，就算在公交车站的几乎没什么事，也要写出来。

将这些东西确定之后，才是开始动画风格的确定，人物的设定，场景的制作。因为有了剧本，所以这些东西都有了大体的构架，在细节方面，就由制作人员自己的发挥。例如，羽家客厅中，除了沙发，茶几，墙上的指针钟外，肯定会有其他的一些东西，如电视、挂历等，但这些东西在场景中都是装饰物或是死物。装饰物就是一些有着动作，但却并不重要的东西。例如，客厅可能会有一个金鱼缸，金鱼在里面游动，但是也可以将其换成花瓶或是其他像这类装饰物有着一定的动作，却不重要，删掉或换掉后，不会影响到故事情节地发展。

在动画风格、场景、人物等设计的同时，便是脚本的制作。

动画脚本是鉴于剧本和分镜头之间的，也可以称为文字分镜头。这一步便是故事情节细化到每一个镜头，用镜头语言来表现故事，为制作分镜头做准备。

脚本要确定每一个镜头在场景中什么地方拍摄、镜头的高度、拍摄的角度。这是为了方便制作每一个镜头的背景和镜头之间的切换摇移等。

除了上述外，最重要的便是确定。镜头中的人物拍摄，是近景、中景还是远景；是本来就在镜头中还是入镜。入镜的话是从镜头什么地方入镜以及在镜头中的动作，所有出现在镜头中东西的位置和其运动的路线都要确定下来。还有镜头中的声音也要确定。而且所有的东西，都要确定是发生在多少秒内的，或是这一动作花了多少秒。

这里要说的一点是，动画不比真人拍摄，不能等到做出来后，发现镜头不是很好，然后重新拍摄，动画中的镜头，特别是在 2D 人物的动画中，镜头一旦确定，便不能在后面更改，因为镜头改动的话，人物身体的透视，身上的阴影，动作等都会变。这一镜头中之前绘制的人物动作全都要重新绘制，其中所花费的时间远超真人拍摄的时间。故而，脚本的制作者，要有很强的空间想象能力，每一个镜头在脑中都要有一个较清晰的黑白画。

至于场景，现在动画的场景都是用 3D 软件做的，故而改动并不是很麻烦，但也要花费不少时间。

当脚本完成时，人物和场景也都最终完成。这时，再把两者相结合，绘出分镜头。这时再绘制分镜头的话，会更方便，同时也是对场景和脚本的一种逆向检察，如觉其中一个镜头不是很好，或是场景中有些地方不对，便可修改，并最终确定下来。之后，便是各个部分对照着分镜头，进行动画的制作。然后将背景人物合成在一起，再之后就是配音，配音完成后，加上片头和片尾，一部动画便做好了。

总之，在文化发展的各个阶段，动画艺术已成为生活中不可缺少的组成部分，动画创作改变了当代人的艺术思维模式，人们借助动画这个平台，表达内心的情感，动画成为丰富自己情怀的表现形式，是当前文化生活的产物。对于动画片的创作来说，节奏是导演情感表现十分重要的手段，动画叙事结构和分镜头节奏的掌握在动画创作中是很重要的，通过叙事节奏、分镜画面节奏等具体的体现，导演将设计安排于整部动画作品的基调中，以形成一个完整的格局，最终达到对动画的内容、感情和运动的很好把握。动画片的节奏是动画创作实践中的重要环节，动画分镜画面节奏的掌握应在动画创作中得到相应的重视。所有环节都必须依据和遵循分镜头台本的要求。

6.4.2 中期策划

在 Flash 里面画角色，还是先在纸上画好草图，再扫描、制作。因为想创造一个角色不是那么简单随意的，必须把脑海中对于这个角色的印象，一步步具体化。而运用电脑制作，往往会失去那种绘画的感觉，变的僵硬、机械。

描线的时候，我通常是用"铅笔"工具，用统一粗细的线条勾勒出轮廓线，线条要尽可能的简练圆滑，不要出现过多的节点，不要有断线、乱线，保证每一个色块都是由完整单一的流畅线条围成。此时，选中"吸附"是非常有用的，如图 6-4-2 所示。

图6-4-2　角色描线

描好线以后我们要把线稿做成元件，为了方便将来做"补间动画"，我的习惯是直接将人物按照关节拆开做，所以身体的各部分都是单独的元件。躯干、上臂、下臂、手、大腿、小腿、脚全部做成独立元件。这样，将来做动画的时候，很多情况下都只要挪一挪某些部分的位置就可以实现，非常方便，如图 6-4-3 所示。

图6-4-3　角色分元件

下一步，可以填色了，通常的做法是首先将线条转换成块面，运用"修改"—"外形"—"转换行成填充"这一指令。然后将线条的边缘进行细节的调整，有时候要用到"节点选取工具"，调整边线的时候，要考虑线条的走向、韵律，线条的两头尤其重要，有一点类似于国画中的线条感觉休整过的线条可以使画面更精致、更富有细节、更耐看，但会极大的增大工作量，尤其给逐格动画的制作添很大的麻烦，所以不推荐所有爱好者学习。到这里，一个角色的制作可以算是完成了，但如果你觉得还要更精致，你可以给角色加上明暗。用线条工具勾勒出暗面的轮廓，填上稍深的颜色，再将线条擦除即可。

有了角色和剧本，下面我们开始制作动画。

首先，根据剧本画出分镜头草图。就是把剧本具体到每一个镜头，把每一个镜头在纸上画出草图来。制作分镜头草图的过程就是梳理整个影片思路的过程。这样，在动画正式制作之前，你就已经把影片在脑海里播放了一遍。很多问题在这个阶段就暴露出来并且立即被解决。否则，想到哪里做到哪里，做完了再想后面的，会让你的影片非常乱、没有头绪。而且，一部影片的制作，往往需要相当长的周期，在这个过程中，很多最初的精彩想法会被忘记，所以一定要认真的制作分镜头草图。

在正式合成一集动画片之前，会首先制作片中要用到的动作元件，如图6-4-4所示。

图6-4-4　角色动作

即给角色制作动作。我通常的习惯是先把标准角色放进场景中，然后根据需要给角色摆出相应的姿势，如果能够通过挪元件位置调出来的，就很省事了。如果不能，就要画出来，如图6-4-5所示。

图6-4-5　角色动势

然后就可以调动作。我做角色动作的时候通常有两种方法。即"元件动画"和"逐格动画"。所谓"元件动画"是将需要运动的部分做成单独的元件，放在单独的图层做运动渐变。如果需要多个元件同时运动，就要将每个元件放在一个单独的图层，分别做运动渐变。如果运动的部分多了，动作就显得丰富。其实，再怎么复杂的动作也是由最基本的元素组成的，只要你多加体会，也能做出很复杂、很到位的动作来。"元件动画"的优点是相对简单，只要为每个运动的元件设定起始状态和结束状态的位置，中间所有的过程都由电脑自动生成。缺点是只适合做一些简单的位置移动、放大缩小等。如果你需要的效果不只是位置移动，而是每一格画面都要有较大的变化，那么，"元件动画"就无法实现了。这样就只能做"逐格动画"了。"逐格动画"原理很简单，就是你需要一格一格地画出角色动作，最终连成连贯的动作（与传统动画原理相同）。逐格动画的优点是细腻、丰富，但制作起来相当费事，往往一小段动作需要画几十张连贯的画面。要耗费大量的劳动，而且需要对动作有相当深刻的理解，否则就很难达到效果，如图6-4-6所示。

图6-4-6　摆动作

动画制作中应注意的问题：Flash动画时间控制的技巧

1. 时间与帧数

对动画时间的基本考虑是放映速度：电影和电视的放映速度是25帧/秒，而动画片一般有12帧1秒就可以了，然后录制或拍摄时进行双格处理。如果绘制动作较快的动画最好进行单格处理，即每秒要绘制25个画面。对于快速奔跑的动作，一般采用8帧单格画面。对于物体发生震动，用单格处理两端的动作就可以了。

2. 动画的间格距离表现

物体从静止—移动—静止都有类似的规律：静止开始时速度慢，运动中的速度快，运动停止时的速度慢。表现在帧数上则是：从静止到运动帧数逐渐减少，从运动到静止帧数逐渐增加，中间运动过程的速度最快，帧数也最少。

6.4.3 后期合成

在经过动画制作过程后，把每个镜头逐一进行导出，导出时一般会选择导出 PNG 序列图，或者导出其他格式序列图，再通过 AE（After Effects）或者 PR（Premiere）软件进行再次合成，合成时需要对当前编辑视频进行后期校色、后期特效和音效等合成，以达到最合适效果。

这里提示一点：从 Flash 导出进入其他编辑软件时，尽量不要使用导出视频再进入其他编辑软件，如果从 Flash 软件中导出的视频不压缩就直接进入后期编辑软件，势必会影响后期软件导出时的片子质量。如果从 Flash 直接导出无压缩视频，视频往往质量会很高，但文件也会很大，不利于再次编辑和加入特效，所以我们会经常使用导出序列图的方式来完成后期合成任务。

本章小结

本章主要针对 Flash 软件动画合成的整体制作步骤进行了阐述，涉及到的知识面比较广，也比较多。

后期合成是 Flash 动画制作中的关键环节，它要求制作人员有较好的镜头感、节奏感，以及极大的耐心和细心去完成种种比较繁琐的工作。

平心而论，Flash 的合成能力还是比较一般的，它既不能像 After Effects 有那么多特效可以添加，也不能像 Premiere 那样对视频和音频进行随心所欲的剪辑，但 Flash 的优势也很明显，它能导出体积极小，便于在网上流传的 swf 格式文件。

因此，Flash 的合成对于动画制作人员来讲依然很重要，合成的技术、手法都需要经过大量的实战才能熟练。

第 7 章　Flash 常用快捷键一览表

工具

箭头工具【V】部分选取工具【A】线条工具【N】

套索工具【L】钢笔工具【P】文本工具【T】

椭圆工具【O】矩形工具【R】铅笔工具【Y】

画笔工具【B】任意变形工具【Q】填充变形工具【F】

墨水瓶工具【S】颜料桶工具【K】滴管工具【I】

橡皮擦工具【E】手形工具【H】缩放工具【Z】,【M】

菜单命令

新建 Flash 文件【Ctrl】+【N】

打开 Flash 文件【Ctrl】+【O】

作为库打开【Ctrl】+【Shift】+【O】

关闭【Ctrl】+【W】

保存【Ctrl】+【S】

另存为【Ctrl】+【Shift】+【S】

导入【Ctrl】+【R】

导出影片【Ctrl】+【Shift】+【Alt】+【S】

发布设置【Ctrl】+【Shift】+【F12】

发布预览【Ctrl】+【F12】

发布【Shift】+【F12】

打印【Ctrl】+【P】

退出 FLASH【Ctrl】+【Q】

撤销命令【Ctrl】+【Z】

剪切到剪贴板【Ctrl】+【X】

拷贝到剪贴板【Ctrl】+【C】

粘贴剪贴板内容【Ctrl】+【V】

粘贴到当前位置【Ctrl】+【Shift】+【V】

清除【退格】

复制所选内容【Ctrl】+【D】

全部选取【Ctrl】+【A】

取消全选【Ctrl】+【Shift】+【A】

剪切帧【Ctrl】+【Alt】+【X】

拷贝帧【Ctrl】+【Alt】+【C】

粘贴帧【Ctrl】+【Alt】+【V】

清除帧【Alt】+【退格】

选择所有帧【Ctrl】+【Alt】+【A】

编辑元件【Ctrl】+【E】

首选参数【Ctrl】+【U】

转到第一个【HOME】

转到前一个【PGUP】

转到下一个【PGDN】

转到最后一个【END】

放大视图【Ctrl】+【+】

缩小视图【Ctrl】+【-】

100% 显示【Ctrl】+【1】

缩放到帧大小【Ctrl】+【2】

全部显示【Ctrl】+【3】

按轮廓显示【Ctrl】+【Shift】+【Alt】+【O】

高速显示【Ctrl】+【Shift】+【Alt】+【F】

消除锯齿显示【Ctrl】+【Shift】+【Alt】+【A】

消除文字锯齿【Ctrl】+【Shift】+【Alt】+【T】

显示\\隐藏时间轴【Ctrl】+【Alt】+【T】

显示\\隐藏工作区以外部分【Ctrl】+【Shift】+【W】

显示\\隐藏标尺【Ctrl】+【Shift】+【Alt】+【R】

显示\\隐藏网格【Ctrl】+【'】

对齐网格【Ctrl】+【Shift】+【'】

编辑网络【Ctrl】+【Alt】+【G】

显示\\隐藏辅助线【Ctrl】+【;】

锁定辅助线【Ctrl】+【Alt】+【;】

对齐辅助线【Ctrl】+【Shift】+【;】

编辑辅助线【Ctrl】+【Shift】+【Alt】+【G】

对齐对象【Ctrl】+【Shift】+【/】

显示形状提示【Ctrl】+【Alt】+【H】

显示\\隐藏边缘【Ctrl】+【H】

显示\\隐藏面板【F4】

转换为元件【F8】

新建元件【Ctrl】+【F8】

新建空白帧【F5】

新建关键帧【F6】

删除帧【Shift】+【F5】

删除关键帧【Shift】+【F6】

显示\\隐藏场景工具栏【Shift】+【F2】

修改文档属性【Ctrl】+【J】

优化【Ctrl】+【Shift】+【Alt】+【C】

添加形状提示【Ctrl】+【Shift】+【H】

缩放与旋转【Ctrl】+【Alt】+【S】

顺时针旋转90度【Ctrl】+【Shift】+【9】

逆时针旋转90度【Ctrl】+【Shift】+【7】

取消变形【Ctrl】+【Shift】+【Z】

移至顶层【Ctrl】+【Shift】+【↑】

上移一层【Ctrl】+【↑】

下移一层【Ctrl】+【↓】

移至底层【Ctrl】+【Shift】+【↓】

锁定【Ctrl】+【Alt】+【L】

解除全部锁定【Ctrl】+【Shift】+【Alt】+【L】

左对齐【Ctrl】+【Alt】+【1】

水平居中【Ctrl】+【Alt】+【2】

右对齐【Ctrl】+【Alt】+【3】

顶对齐【Ctrl】+【Alt】+【4】

垂直居中【Ctrl】+【Alt】+【5】

底对齐【Ctrl】+【Alt】+【6】

按宽度均匀分布【Ctrl】+【Alt】+【7】

按高度均匀分布【Ctrl】+【Alt】+【9】

设为相同宽度【Ctrl】+【Shift】+【Alt】+【7】

设为相同高度【Ctrl】+【Shift】+【Alt】+【9】

相对舞台分布【Ctrl】+【Alt】+【8】

转换为关键帧【F6】

转换为空白关键帧【F7】

组合【Ctrl】+【G】

取消组合【Ctrl】+【Shift】+【G】

打散分离对象【Ctrl】+【B】

分散到图层【Ctrl】+【Shift】+【D】

字体样式设置为正常【Ctrl】+【Shift】+【P】

字体样式设置为粗体【Ctrl】+【Shift】+【B】

字体样式设置为斜体【Ctrl】+【Shift】+【I】

文本左对齐【Ctrl】+【Shift】+【L】

文本居中对齐【Ctrl】+【Shift】+【C】

文本右对齐【Ctrl】+【Shift】+【R】

文本两端对齐【Ctrl】+【Shift】+【J】

增加文本间距【Ctrl】+【Alt】+【→】

减小文本间距【Ctrl】+【Alt】+【←】

重置文本间距【Ctrl】+【Alt】+【↑】

播放\\停止动画【回车】

后退【Ctrl】+【Alt】+【R】

单步向前【>】单步向后【<】

测试影片【Ctrl】+【回车】

调试影片【Ctrl】+【Shift】+【回车】

测试场景【Ctrl】+【Alt】+【回车】

启用简单按钮【Ctrl】+【Alt】+【B】

新建窗口【Ctrl】+【Alt】+【N】

显示\\隐藏工具面板【Ctrl】+【F2】

显示\\隐藏时间轴【Ctrl】+【Alt】+【T】

显示\\隐藏属性面板【Ctrl】+【F3】

显示\\隐藏解答面板【Ctrl】+【F1】

显示\\隐藏对齐面板【Ctrl】+【K】

显示\\隐藏混色器面板【Shift】+【F9】

显示\\隐藏颜色样本面板【Ctrl】+【F9】

显示\\隐藏信息面板【Ctrl】+【I】

显示\\隐藏场景面板【Shift】+【F2】

显示\\隐藏变形面板【Ctrl】+【T】

显示\\隐藏动作面板【F9】

显示\\隐藏调试器面板【Shift】+【F4】

显示\\隐藏影版浏览器【Alt】+【F3】

显示\\隐藏脚本参考【Shift】+【F1】

显示\\隐藏输出面板【F2】

显示\\隐藏辅助功能面板【Alt】+【F2】

显示\\隐藏组件面板【Ctrl】+【F7】

显示\\隐藏组件参数面板【Alt】+【F7】

显示\\隐藏库面板【F11】

参 考 文 献

[1] 马震 .Flash 动画制作案例教程 [M]. 北京：人民邮电出版社，2009.

[2] 周国栋 .Flash 角色 / 背景 / 动画短片设计完全手册 [M]. 北京：人民邮电出版社，2009.

[3] 王威 . Flash CS5.5 动画制作实例教程 [M]. 北京：电子工业出版社，2012.

[4] 张鼎一 .Flash 实训教程 [M]. 北京：北京工业大学出版社，2013.